Coltivare Funghi Commestibili

Guida Pratica con 20 Capitoli Dettagliati

Testi Creativi

Scrittura Professionale Online

Indice

🎁 Alla fine di questo libro troverai un regalo esclusivo!

Coltivare Funghi Commestibili

Guida Pratica con 20 Capitoli Dettagliati

I. Introduzione alla coltivazione dei funghi commestibili

1. Origini della Coltivazione dei Funghi Commestibili

Nell'affascinante mondo della coltivazione dei funghi commestibili, le origini risalgono a tempi antichi, quando le civiltà primitive raccoglievano e consumavano spontaneamente i doni della natura.

Tuttavia, il passaggio dalla raccolta casuale alla coltivazione organizzata segnò una svolta significativa nella storia umana. Le prime tracce della coltivazione dei funghi risalgono alla Cina antica, dove si crede che i funghi shiitake siano stati coltivati per la prima volta intorno al 1100 d.C. dai monaci buddisti. Questa pratica, poi diffusasi in Giappone, divenne un'arte raffinata, tramandata di generazione in generazione.

Allo stesso modo, in Europa, i funghi venivano coltivati e apprezzati fin dall'epoca romana, con testimonianze di coltivazioni di champignon e funghi porcini. Il Rinascimento italiano vide un rinnovato interesse per i funghi, soprattutto per il loro valore gastronomico e medicinale.

Con il passare del tempo, la coltivazione dei funghi ha conosciuto sviluppi significativi grazie alle scoperte scientifiche e all'innovazione tecnologica. Oggi, la coltivazione dei funghi commestibili è diventata una pratica diffusa in tutto il mondo, sia per scopi commerciali che domestici. La continua ricerca e sperimentazione hanno portato alla scoperta di nuove specie coltivabili e al perfezionamento delle tecniche di coltivazione.

In questo capitolo introduttivo, esploreremo le radici storiche della coltivazione dei funghi commestibili, gettando le basi per una comprensione approfondita di questo affascinante mondo fungino e preparandoci per le sfide e le opportunità che incontreremo nel corso della nostra avventura.

2. Benefici Nutrizionali dei Funghi Commestibili

I funghi commestibili non solo sono una delizia per il palato, ma offrono anche una vasta gamma di benefici nutrizionali che li rendono un'importante aggiunta alla nostra alimentazione quotidiana. Ricchi di sostanze nutritive essenziali, i funghi sono una fonte eccellente di proteine di alta qualità, essenziali per la costruzione e il ripristino dei tessuti muscolari e cellulari. Inoltre, i funghi sono una fonte significativa di vitamine e minerali, tra cui vitamina D, vitamine del gruppo B, potassio, selenio e zinco.

La vitamina D, in particolare, è fondamentale per la salute delle ossa e il sistema immunitario, e i funghi sono una delle poche fonti alimentari naturali di questa vitamina. Il loro contenuto di vitamine del gruppo B, come la riboflavina, la niacina e l'acido folico, contribuisce al corretto funzionamento del sistema nervoso, alla produzione di energia e alla formazione dei globuli rossi.

Inoltre, i funghi sono ricchi di antiossidanti, come i polifenoli e i flavonoidi, che aiutano a combattere lo stress ossidativo nel corpo, proteggendo le cellule dai danni causati dai radicali liberi. Questi composti antiossidanti possono anche svolgere un ruolo importante nella prevenzione di malattie croniche, come le malattie cardiache, il diabete e alcuni tipi di cancro.

Non da meno, i funghi sono una fonte eccellente di fibre alimentari, che favoriscono la salute digestiva, regolano il livello di zucchero nel sangue e contribuiscono alla sensazione di sazietà, aiutando così a mantenere un peso corporeo sano.

Inoltre, i funghi sono noti per il loro basso contenuto calorico e di grassi saturi, rendendoli un'opzione alimentare ideale per coloro che seguono una dieta ipocalorica o desiderano mantenere un peso corporeo ottimale.

In questo secondo paragrafo, abbiamo esplorato in dettaglio i numerosi benefici nutrizionali offerti dai funghi commestibili, sottolineando la loro ricchezza di proteine, vitamine, minerali, antiossidanti e fibre alimentari, e il loro potenziale impatto positivo sulla salute generale. L'inclusione dei funghi nella nostra alimentazione quotidiana può contribuire a promuovere una salute ottimale e il benessere complessivo.

3. Importanza della Sostenibilità nella Coltivazione dei Funghi

Nell'ambito della coltivazione dei funghi commestibili, l'importanza della sostenibilità è un tema centrale che richiede attenzione e impegno costante. La sostenibilità ambientale è fondamentale per garantire la salute degli ecosistemi naturali, la conservazione delle risorse naturali e il benessere delle future generazioni.

La coltivazione dei funghi offre diverse opportunità per promuovere la sostenibilità, sia a livello ambientale che sociale ed economico. Innanzitutto, i funghi possono essere coltivati utilizzando materiali organici e rinnovabili come substrato, come ad esempio paglia, segatura, letame e scarti agricoli. Questo non solo riduce la dipendenza da risorse non rinnovabili, ma contribuisce anche alla riduzione dei rifiuti agricoli attraverso il riciclo e il riutilizzo di materiali.

Inoltre, la coltivazione dei funghi può essere integrata in sistemi agricoli più ampi, come l'agricoltura sostenibile e l'agroforestazione, contribuendo alla diversificazione delle colture, alla conservazione del suolo e alla promozione della biodiversità. I funghi, infatti, possono essere coltivati in simbiosi con piante ospiti, beneficiando reciprocamente della loro presenza e contribuendo alla salute generale dell'ecosistema.

Dal punto di vista sociale ed economico, la coltivazione dei funghi offre opportunità di lavoro e reddito per le comunità rurali, specialmente in aree dove le risorse sono limitate o l'agricoltura tradizionale è in declino. Inoltre, i funghi coltivati localmente possono contribuire a ridurre la dipendenza da importazioni e promuovere la sicurezza alimentare e la sovranità alimentare a livello locale.

Per promuovere la sostenibilità nella coltivazione dei funghi, è fondamentale adottare pratiche agricole responsabili e rispettose dell'ambiente, riducendo al minimo l'uso di sostanze chimiche sintetiche e favorendo metodi di coltivazione biologici e naturali. Inoltre, è importante monitorare e valutare costantemente l'impatto ambientale delle operazioni di coltivazione e adottare misure correttive quando necessario per minimizzare gli effetti negativi sull'ambiente.

In questo terzo paragrafo, abbiamo esplorato l'importanza della sostenibilità nella coltivazione dei funghi, evidenziando i suoi molteplici benefici a livello ambientale, sociale ed economico e l'importanza di adottare pratiche agricole responsabili e rispettose dell'ambiente per garantire un futuro sostenibile per le generazioni a venire.

4. Varietà di Funghi Coltivabili e le Loro Caratteristiche

La vasta gamma di funghi commestibili disponibili offre agli appassionati di micologia un'infinità di opportunità di esplorazione e scoperta. Ogni specie di fungo coltivabile ha le proprie caratteristiche distintive, che vanno dalla forma e dal colore al sapore e alla consistenza. Conoscere le diverse varietà di funghi e le loro caratteristiche è essenziale per scegliere la specie più adatta alle proprie esigenze e preferenze culinarie.

Una delle varietà più popolari e ampiamente coltivate è il champignon (Agaricus bisporus), noto per il suo sapore delicato e la sua versatilità in cucina. Disponibile in diverse varietà, tra cui il champignon bianco e il portobello, questo fungo è apprezzato per la sua capacità di adattarsi a una vasta gamma di preparazioni culinarie, dal semplice stufato alla grigliata gourmet.

Un'altra specie ampiamente coltivata è il fungo orecchio di giuda (Pleurotus ostreatus), caratterizzato dalla sua forma a orecchia e dal suo sapore delicato e leggermente nocciolato. Questo fungo è particolarmente adatto per la coltivazione domestica, poiché prospera su substrati semplici come la paglia o il segame e richiede condizioni di crescita relativamente semplici da mantenere.

Tra le varietà esotiche di funghi coltivabili spicca il Shiitake (Lentinula edodes), originario dell'Asia orientale e apprezzato per il suo sapore ricco e terroso. Questo fungo è noto anche per le sue presunte proprietà medicinali e il suo utilizzo nella medicina tradizionale cinese. La coltivazione dello shiitake richiede cure particolari, come la sterilizzazione del substrato e la gestione della luce e dell'umidità, ma i suoi frutti deliziosi e nutrienti ripagano ampiamente gli sforzi dell'agricoltore.

Oltre a queste varietà, esistono numerose altre specie di funghi coltivabili, ognuna con le proprie caratteristiche uniche e il proprio appeal culinario. Dalle note e amate varietà come il porcino (Boletus edulis) e il fungo di campo (Agaricus campestris) alle specie più esotiche come il reishi (Ganoderma lucidum) e il maitake (Grifola frondosa), esplorare il mondo dei funghi coltivabili è un'avventura affascinante e appagante per gli amanti del cibo e della natura.

In questo quarto paragrafo, abbiamo esaminato una selezione di varietà di funghi coltivabili e le loro caratteristiche distintive, fornendo agli agricoltori e agli appassionati di micologia una panoramica completa delle opzioni disponibili per la coltivazione domestica o commerciale.

5.Ruolo dei Funghi nella Cultura e nella Cucina Tradizionale

I funghi hanno svolto un ruolo significativo nella cultura e nella cucina tradizionale di molte società in tutto il mondo, da tempi antichi fino ai giorni nostri. Il loro status varia da cultura a cultura, ma sono spesso considerati un alimento prelibato e un simbolo di prosperità, longevità e buona fortuna. In molte tradizioni culinarie, i funghi sono un ingrediente fondamentale in numerosi piatti tradizionali, aggiungendo sapore, texture e valore nutrizionale alle preparazioni.

In molte culture asiatiche, ad esempio, i funghi sono considerati una parte essenziale della cucina, utilizzati in una vasta gamma di piatti, dalla zuppa al riso, dalla carne ai vegetali. Il fungo shiitake è particolarmente venerato in Giappone e in Cina per il suo sapore ricco e la sua presunta capacità di promuovere la salute e la longevità. In Giappone, il shiitake è spesso utilizzato in piatti tradizionali come il ramen e il nabe, mentre in Cina è un ingrediente chiave nella cucina cantonese e nella cucina di Sichuan.

Nelle culture europee, i funghi hanno una lunga storia di utilizzo in cucina, con molte varietà coltivate e consumate regolarmente. Il champignon, ad esempio, è una presenza comune in molte cucine europee, utilizzato in una vasta gamma di piatti, dalla zuppa al risotto, dalla pizza al pollo al forno. Il fungo porcino è altrettanto amato in Europa per il suo sapore ricco e la sua consistenza carnosa, ed è spesso protagonista di piatti tradizionali come la pasta ai funghi e il risotto ai porcini.

Negli Stati Uniti, i funghi hanno guadagnato popolarità nel corso del tempo e sono diventati un elemento chiave nella cucina contemporanea. Il portobello, ad esempio, è diventato un sostituto popolare della carne in molte ricette vegetariane e vegane, grazie alla sua consistenza carnosa e al suo sapore robusto. Il crimino e il pioppino sono altre varietà di funghi che hanno guadagnato seguaci negli Stati Uniti per il loro sapore unico e la loro versatilità in cucina.

In questo quinto paragrafo, abbiamo esplorato il ruolo dei funghi nella cultura e nella cucina tradizionale di diverse società in tutto il mondo, evidenziando la loro importanza come alimento prelibato e ingrediente fondamentale in molte preparazioni culinarie.

II. Principi fondamentali della micologia e della coltivazione dei funghi

1. Introduzione alla Micologia: Definizione e Ambito di Studio

L'introduzione alla micologia, disciplina affascinante e complessa, rappresenta il punto di partenza fondamentale per comprendere il mondo dei funghi in tutte le sue sfaccettature. La micologia è la scienza che si occupa dello studio dei funghi, comprendendo la loro struttura, funzione, ecologia, classificazione e utilizzo. Il termine "micologia" deriva dalle parole greche "mykes", che significa fungo, e "logos", che significa studio o conoscenza, evidenziando l'importanza della ricerca e della conoscenza in questo campo.

L'ambito di studio della micologia è vasto e variegato, spaziando dalla biologia e fisiologia dei funghi alla loro distribuzione geografica, dalla loro importanza ecologica al loro impatto sulla salute umana e sull'economia. La micologia comprende anche l'identificazione e la classificazione dei funghi, utilizzando una serie di metodi e tecniche che permettono di distinguere le diverse specie in base alle loro caratteristiche morfologiche, genetiche e biochimiche.

I funghi sono organismi eucarioti appartenenti al regno dei funghi, diversi dalle piante, dagli animali e dai batteri, con una struttura e una biologia uniche che li rendono oggetto di studio e interesse per scienziati, ricercatori, agricoltori e appassionati di natura. La micologia è una disciplina interdisciplinare che coinvolge diverse aree della scienza, tra cui la biologia, la microbiologia, la botanica, la biotecnologia, l'ecologia e la medicina.

Comprendere i principi fondamentali della micologia è essenziale per coltivare con successo i funghi commestibili, poiché fornisce le basi teoriche e pratiche necessarie per comprendere i processi biologici e ecologici che regolano la crescita e lo sviluppo dei funghi. Conoscere la struttura e la funzione dei funghi, i loro requisiti ambientali, le loro interazioni con altri organismi e il loro ciclo di vita è fondamentale per progettare e gestire sistemi di coltivazione efficienti e sostenibili.

In questo primo paragrafo del secondo capitolo, abbiamo introdotto il concetto di micologia e delineato l'ambito di studio di questa disciplina affascinante, sottolineando l'importanza della ricerca e della conoscenza per comprendere e coltivare con successo i funghi commestibili.

2. Struttura e Funzioni del Fungo: Micelio, Spore e Tessuti Fungini

La comprensione della struttura e delle funzioni del fungo è fondamentale per ogni micologo, sia esso un principiante che un esperto. Il fungo è un organismo complesso, caratterizzato da una struttura unicellulare chiamata micelio e da una fase riproduttiva rappresentata dalle spore. Il micelio è costituito da una rete di sottili filamenti chiamati ife, che si ramificano e si estendono nel substrato in cui il fungo cresce. Questa struttura sotterranea è responsabile dell'assorbimento dei nutrienti e della decomposizione della materia organica, rendendo il fungo un elemento chiave nei cicli biogeochimici degli ecosistemi.

Le spore, d'altra parte, sono le cellule riproduttive del fungo, prodotte nelle strutture riproduttive chiamate sporangiofori. Le spore sono responsabili della disseminazione del fungo e della sua colonizzazione di nuovi ambienti, sfruttando il vento, l'acqua, gli animali o altri mezzi di trasporto per viaggiare e colonizzare nuovi substrati. Le spore possono essere di diversi tipi, tra cui le spore sessuali, che si formano attraverso la fusione di nuclei di cellule sessuali specializzate, e le spore asessuali, che si formano attraverso la divisione cellulare.

I tessuti fungini sono le strutture anatomiche che costituiscono il corpo del fungo, comprendendo una vasta gamma di tipi di tessuti specializzati che svolgono funzioni specifiche all'interno dell'organismo. Tra i tessuti fungini più comuni vi sono il cappello, il gambo, le lamelle e il rizoma, ciascuno dei quali svolge un ruolo importante nella crescita, nella riproduzione e nella sopravvivenza del fungo. Ad esempio, le lamelle fungine fungono da superficie riproduttiva, producendo e rilasciando le spore quando sono mature, mentre il rizoma fornisce supporto strutturale e facilita l'ancoraggio del fungo al substrato.

Comprendere la struttura e le funzioni del fungo è essenziale per coltivare e gestire con successo le popolazioni fungine, poiché fornisce le basi per comprendere i processi biologici e fisiologici che regolano la crescita, lo sviluppo e la riproduzione dei funghi. Conoscere la struttura del micelio, la formazione e la disseminazione delle spore e i diversi tessuti fungini consente agli agricoltori e ai coltivatori di manipolare e ottimizzare le condizioni di coltivazione per massimizzare la produzione di funghi commestibili.

In questo secondo paragrafo del secondo capitolo, abbiamo esaminato in dettaglio la struttura e le funzioni del fungo, comprese le caratteristiche del micelio, delle spore e dei tessuti fungini, fornendo una panoramica completa delle basi teoriche necessarie per comprendere il mondo dei funghi.

3. Ciclo Vitale dei Funghi: Propagazione, Crescita e Fruttificazione

Il ciclo vitale dei funghi è un processo affascinante e complesso che comprende diverse fasi, ognuna delle quali svolge un ruolo fondamentale nella vita dell'organismo fungino. La propagazione è la prima fase del ciclo vitale, durante la quale il fungo si riproduce e si diffonde nel suo ambiente circostante. Questa fase può avvenire attraverso diversi meccanismi, tra cui la produzione e la disseminazione di spore, la divisione e la crescita del micelio, o la formazione e la diffusione di strutture riproduttive come corpi fruttiferi o sclerozi.

La crescita è la fase successiva del ciclo vitale, durante la quale il fungo si sviluppa e si espande nel substrato in cui è cresciuto. Durante questa fase, il micelio si ramifica e si estende, assorbendo i nutrienti presenti nel substrato e decomponendo la materia organica. La crescita del fungo è influenzata da una serie di fattori ambientali, tra cui la temperatura, l'umidità, la disponibilità di nutrienti e la presenza di agenti patogeni o concorrenti.

La fruttificazione è l'ultima fase del ciclo vitale dei funghi, durante la quale il fungo produce strutture riproduttive, come corpi fruttiferi o basidiocarpi, che contengono e rilasciano le spore. Questa fase è spesso caratterizzata da cambiamenti morfologici e fisiologici nel fungo, come la formazione di cappelli, lamelle o altri organi riproduttivi. La fruttificazione può essere influenzata da una serie di fattori, tra cui la disponibilità di nutrienti, la temperatura, l'umidità e la presenza di segnali ambientali come la luce o l'umidità.

Comprendere il ciclo vitale dei funghi è fondamentale per coltivare e gestire con successo le popolazioni fungine, poiché fornisce una panoramica completa dei processi biologici e fisiologici che regolano la crescita, lo sviluppo e la riproduzione dei funghi. Conoscere le fasi della propagazione, della crescita e della fruttificazione consente agli agricoltori e ai coltivatori di manipolare e ottimizzare le condizioni di coltivazione per massimizzare la produzione di funghi commestibili.

In questo terzo paragrafo del secondo capitolo, abbiamo esaminato in dettaglio il ciclo vitale dei funghi, comprendendo le fasi di propagazione, crescita e fruttificazione, fornendo una panoramica completa dei processi biologici e fisiologici che regolano la vita dell'organismo fungino.

4. Fondamenti della Coltivazione dei Funghi: Substrato, Sterilizzazione e Condizioni Ambientali

I fondamenti della coltivazione dei funghi costituiscono la base su cui si fonda l'intero processo di produzione fungina, determinando il successo e la resa del raccolto. Il substrato è uno degli elementi chiave della coltivazione dei funghi, poiché fornisce i nutrienti necessari per sostenere la crescita e lo sviluppo del micelio fungino. La scelta del substrato dipende spesso dalla specie di fungo da coltivare e dalle risorse disponibili, con alcune specie che prosperano su substrati composti da materiali organici come la paglia, il letame o il segame, mentre altre preferiscono substrati composti da materiali lignocellulosici come trucioli di legno o segatura.

La sterilizzazione del substrato è un passaggio critico nella coltivazione dei funghi, poiché impedisce la crescita di microrganismi nocivi che potrebbero competere con il fungo per i nutrienti o causare malattie. La sterilizzazione può essere effettuata attraverso diversi metodi, tra cui il calore, la pressione, la luce ultravioletta o l'uso di agenti chimici come il perossido di idrogeno o l'ozono. È importante scegliere il metodo di sterilizzazione più adatto al substrato e alla specie fungina coltivata, garantendo che il processo sia efficace nel ridurre al minimo il rischio di contaminazione.

Le condizioni ambientali sono un altro fattore critico nella coltivazione dei funghi, influenzando la crescita, lo sviluppo e la fruttificazione del fungo. Tra i fattori ambientali più importanti vi sono la temperatura, l'umidità, la luce e la ventilazione. La temperatura ottimale varia da specie a specie, ma in generale, la maggior parte dei funghi commestibili prospera in un intervallo di temperatura compreso tra 20°C e 25°C durante la fase di crescita del micelio, mentre la fase di fruttificazione può richiedere temperature leggermente più basse. L'umidità è essenziale per mantenere il substrato umido e favorire la crescita del micelio, con livelli ottimali che variano da specie a specie. La luce è importante per l'orientamento e lo sviluppo dei corpi fruttiferi del fungo, mentre la ventilazione garantisce un adeguato apporto di ossigeno e la rimozione di anidride carbonica e altri gas prodotti durante il processo di crescita.

Comprendere i fondamenti della coltivazione dei funghi, compresi il substrato, la sterilizzazione e le condizioni ambientali, è essenziale per coltivare con successo i funghi commestibili, garantendo un raccolto abbondante e di alta qualità. Manipolare e ottimizzare questi fattori in base alle esigenze specifiche della specie fungina coltivata consente agli agricoltori e ai coltivatori di massimizzare la produzione e ottenere risultati soddisfacenti.

5. Gestione delle Malattie e dei Parassiti: Prevenzione e Trattamento

La gestione delle malattie e dei parassiti rappresenta una sfida significativa nella coltivazione dei funghi, poiché possono compromettere la salute e la resa del raccolto se non affrontate tempestivamente ed efficacemente. Le malattie fungine, come la muffa grigia (Botrytis cinerea), la marciume radicale (Pythium spp.) e la fusariosi (Fusarium spp.), possono causare danni alle piante ospiti, compromettendo la crescita del micelio e la produzione di corpi fruttiferi. I parassiti fungini, come i nematodi e gli insetti, possono infestare il substrato e danneggiare il micelio o i corpi fruttiferi, riducendo la qualità e la quantità del raccolto.

La prevenzione delle malattie e dei parassiti è fondamentale per ridurre al minimo il rischio di infestazione e mantenere la salute e la produttività delle piante fungine. Una pratica comune di prevenzione è l'uso di substrati sterilizzati e materiali di coltivazione puliti, che riducono la presenza di microrganismi nocivi nel sistema di coltivazione. Inoltre, è importante mantenere condizioni ambientali ottimali, come la temperatura e l'umidità, che favoriscono la crescita del fungo ospite e riducono la suscettibilità alle malattie.

Il trattamento delle malattie e dei parassiti è un'altra parte fondamentale della gestione delle malattie e dei parassiti, che può essere realizzato attraverso una serie di metodi e tecniche. Tra i metodi di trattamento più comuni vi sono l'uso di fungicidi e pesticidi, che uccidono o rallentano la crescita dei microrganismi nocivi, e l'uso di pratiche culturali come la rotazione delle colture e la sterilizzazione degli attrezzi, che riducono la diffusione delle malattie nel sistema di coltivazione. È importante selezionare i metodi di trattamento più adatti alla specie fungina coltivata e alla gravità dell'infestazione, garantendo che siano efficaci nel controllare le malattie e i parassiti senza danneggiare il fungo ospite o l'ambiente circostante.

La gestione efficace delle malattie e dei parassiti richiede una combinazione di prevenzione e trattamento, insieme a una vigilanza costante e una rapida risposta agli eventuali segni di infestazione. Monitorare regolarmente la salute delle piante fungine e adottare misure preventive adeguate può contribuire a garantire una coltivazione di successo e un raccolto abbondante e di alta qualità.

6. Tecniche Avanzate di Coltivazione: Micorrize, Idroponica e Coltivazione Verticale

Le tecniche avanzate di coltivazione offrono agli agricoltori e ai coltivatori opportunità innovative per migliorare l'efficienza e la sostenibilità della produzione fungina, consentendo di ottenere raccolti più abbondanti e di alta qualità in ambienti diversi e con risorse limitate. Una di queste tecniche è la micorrizazione, un processo mediante il quale i funghi formano una simbiosi benefica con le radici delle piante ospiti, facilitando l'assorbimento di nutrienti e acqua e migliorando la resistenza alle malattie e agli stress ambientali. La micorrizazione può essere promossa attraverso l'aggiunta di inoculi micorrizici al substrato di coltivazione o attraverso la selezione di specie fungine micorriziche per la coltivazione.

Un'altra tecnica avanzata è l'idroponica, che consiste nella coltivazione dei funghi in soluzioni acquose nutrienti senza l'uso di substrato solido. Questo metodo permette un maggiore controllo delle condizioni ambientali, come la temperatura, l'umidità e la concentrazione dei nutrienti, e riduce il rischio di contaminazione da microrganismi nocivi presenti nel substrato. L'idroponica può essere utilizzata per coltivare una vasta gamma di specie fungine, comprese quelle più esigenti dal punto di vista ambientale, come i funghi tropicale.

La coltivazione verticale è un'altra tecnica avanzata che sfrutta lo spazio in modo efficiente, consentendo di aumentare la densità di piantagione e massimizzare il rendimento del raccolto. Questo metodo prevede la disposizione delle piante su supporti verticali, come scaffali o strutture a parete, consentendo di coltivare più piante nello stesso spazio e riducendo la necessità di terreno e substrato. La coltivazione verticale può essere particolarmente vantaggiosa in ambienti urbani o in spazi limitati, dove lo spazio è prezioso e la disponibilità di terreno è limitata.

Le tecniche avanzate di coltivazione offrono nuove opportunità per migliorare la produttività e la sostenibilità della coltivazione dei funghi, consentendo di ottenere raccolti più abbondanti e di alta qualità in modo efficiente e rispettoso dell'ambiente. Sperimentare con tecniche come la micorrizazione, l'idroponica e la coltivazione verticale può aiutare gli agricoltori e i coltivatori a diversificare le loro pratiche di coltivazione e a adattarsi alle sfide ambientali ed economiche in continua evoluzione.

III. Selezione del substrato ideale per la coltivazione dei funghi

1. Caratteristiche del Substrato Ottimale per i Funghi

Il substrato è uno degli elementi fondamentali nella coltivazione dei funghi, poiché fornisce i nutrienti essenziali e il supporto strutturale necessari per la crescita e lo sviluppo delle colonie fungine. Un substrato ottimale deve possedere una serie di caratteristiche specifiche che favoriscono la colonizzazione e la fruttificazione dei funghi, garantendo un elevato rendimento e una qualità superiore del raccolto.

Innanzitutto, il substrato deve essere ricco di sostanze nutritive essenziali, come carbonio, azoto, fosforo e potassio, che sono fondamentali per il metabolismo e la crescita del fungo. Materiali organici come la paglia, il letame, il segale e la segatura sono spesso utilizzati come componenti del substrato poiché forniscono una vasta gamma di nutrienti e promuovono la decomposizione della materia organica da parte dei microrganismi presenti nel suolo.

In secondo luogo, il substrato deve essere poroso e ben aerato, consentendo la circolazione dell'aria e la penetrazione delle radici fungine nel materiale. Una buona aerazione favorisce lo scambio di gas, la respirazione cellulare e la rimozione di anidride carbonica e altri gas prodotti durante il processo di crescita. Materiali come la segatura, i trucioli di legno e il compost sono noti per la loro capacità di mantenere un adeguato flusso d'aria nel substrato, garantendo condizioni ottimali per la crescita dei funghi.

In terzo luogo, il substrato deve essere ben drenato, evitando il ristagno d'acqua che può favorire la crescita di microrganismi nocivi come muffe e batteri. L'eccesso di umidità può compromettere la salute delle piante fungine e ridurre la qualità del raccolto, pertanto è importante utilizzare materiali che favoriscano il drenaggio dell'acqua e la conservazione dell'umidità ottimale nel substrato.

Infine, il substrato deve essere stabile e resistente alla decomposizione, garantendo una lunga durata e una maggiore resa del raccolto nel tempo. Materiali come la paglia trattata, la segatura sterilizzata o il compost ben decomposto sono spesso preferiti per la loro resistenza alla decomposizione e la capacità di sostenere le colonie fungine per diversi cicli di coltivazione.

In questo primo paragrafo del terzo capitolo, abbiamo esaminato le caratteristiche del substrato ottimale per i funghi, comprendendo la sua composizione nutritiva, la porosità, il drenaggio e la stabilità, fornendo una panoramica completa delle considerazioni fondamentali nella selezione del substrato per la coltivazione dei funghi.

2. Materiali Comuni per la Preparazione del Substrato

Nella preparazione del substrato per la coltivazione dei funghi, è fondamentale selezionare materiali di alta qualità che forniscano i nutrienti necessari e favoriscano una crescita sana e vigorosa delle colonie fungine. Una varietà di materiali comuni può essere utilizzata nella preparazione del substrato, ciascuno con le proprie caratteristiche e vantaggi distinti.

La paglia è uno dei materiali più popolari e ampiamente utilizzati nella coltivazione dei funghi, grazie alla sua disponibilità, alla sua capacità di trattenere l'umidità e al suo alto contenuto di cellulosa, che fornisce una fonte di carbonio essenziale per i funghi. La paglia può essere utilizzata da sola o in combinazione con altri materiali per la preparazione del substrato, e può essere facilmente trattata attraverso processi di sterilizzazione o compostaggio per eliminare eventuali microrganismi nocivi.

Il letame è un altro materiale comune utilizzato nella coltivazione dei funghi, particolarmente per specie come i champignon (Agaricus bisporus) che prosperano su substrati a base di letame compostato. Il letame fornisce una ricca fonte di nutrienti, compresi azoto, fosforo e potassio, e può essere miscelato con altri materiali come la paglia o il compost per migliorare la composizione del substrato e favorire una crescita sana e vigorosa delle colonie fungine.

Il compost è un materiale altamente versatile che può essere utilizzato con successo nella coltivazione dei funghi, poiché fornisce una vasta gamma di nutrienti essenziali e favorisce la decomposizione della materia organica. Il compost può essere preparato utilizzando una varietà di materiali organici, come scarti vegetali, foglie morte, segatura e letame, e può essere arricchito con ingredienti come farina di mais, farina di soia o farina di pesce per migliorare il contenuto nutritivo e la struttura del substrato.

La segatura è un materiale economico e facilmente reperibile che può essere utilizzato efficacemente nella coltivazione dei funghi, specialmente per specie come i funghi Pleurotus (fungo orecchio di giuda) e i funghi Shiitake (Lentinula edodes) che prosperano su substrati lignocellulosici. La segatura fornisce una fonte di carbonio essenziale e favorisce la decomposizione della materia organica, e può essere miscelata con altri materiali come il compost o il letame per migliorare la composizione del substrato e aumentare la resa del raccolto.

La segale è un altro materiale comunemente utilizzato nella coltivazione dei funghi, particolarmente per specie come i funghi Shiitake che richiedono substrati a base di legno. La segale fornisce una fonte di carbonio e altri nutrienti essenziali, e può essere utilizzata da sola o in combinazione con altri materiali per preparare substrati adatti alla coltivazione dei funghi.

In questo secondo paragrafo del terzo capitolo, abbiamo esaminato una serie di materiali comuni utilizzati nella preparazione del substrato per la coltivazione dei funghi, comprendendo le loro caratteristiche e vantaggi distinti, fornendo una panoramica completa delle opzioni disponibili per i coltivatori.

3. Analisi dei Requisiti Nutrizionali dei Funghi

L'analisi dei requisiti nutrizionali dei funghi è un passaggio cruciale nella preparazione del substrato per la coltivazione, poiché assicura che le colonie fungine ricevano i nutrienti necessari per una crescita ottimale e una produzione abbondante di corpi fruttiferi. I funghi hanno requisiti nutrizionali specifici che devono essere soddisfatti affinché possano prosperare e svilupparsi pienamente, e comprendere questi requisiti è essenziale per ottenere risultati soddisfacenti nella coltivazione.

Uno dei nutrienti più importanti per i funghi è il carbonio, che costituisce la base per la formazione di biomassa fungina e la produzione di energia attraverso il metabolismo cellulare. I funghi ottengono il carbonio principalmente da composti organici come zuccheri, amidi e cellulosa presenti nel substrato, e un substrato ricco di carbonio è essenziale per sostenere una crescita vigorosa delle colonie fungine.

Oltre al carbonio, i funghi richiedono anche una serie di altri nutrienti essenziali, tra cui azoto, fosforo, potassio, calcio, magnesio e tracce di minerali come ferro, zinco e rame. Questi nutrienti sono coinvolti in una vasta gamma di processi metabolici all'interno delle cellule fungine, compresi la sintesi proteica, la fotosintesi, la respirazione cellulare e la formazione di enzimi coinvolti nella decomposizione della materia organica.

La disponibilità di nutrienti nel substrato può influenzare significativamente la crescita e lo sviluppo dei funghi, con carenze o eccessi di specifici nutrienti che possono compromettere la salute delle piante fungine e ridurre la resa del raccolto. È quindi essenziale condurre un'analisi approfondita dei requisiti nutrizionali dei funghi prima di preparare il substrato, valutando attentamente la composizione del substrato e, se necessario, apportando correzioni o integrazioni per garantire un bilancio ottimale dei nutrienti.

Un'analisi completa dei requisiti nutrizionali dei funghi può coinvolgere l'uso di tecniche analitiche avanzate, come l'analisi chimica del substrato per determinare la concentrazione di nutrienti specifici, nonché la valutazione della disponibilità di nutrienti nel terreno attraverso test di crescita fungina in laboratorio. Queste informazioni possono essere utilizzate per formulare substrati personalizzati che soddisfano esattamente le esigenze nutrizionali delle specie fungine coltivate, garantendo una crescita sana e una produzione ottimale di corpi fruttiferi.

In questo terzo paragrafo del terzo capitolo, abbiamo esaminato l'importanza dell'analisi dei requisiti nutrizionali dei funghi nella preparazione del substrato per la coltivazione, comprendendo i nutrienti essenziali e i processi metabolici coinvolti nella crescita fungina.

4. Processi di Preparazione e Sterilizzazione del Substrato

I processi di preparazione e sterilizzazione del substrato sono fondamentali per garantire un ambiente di coltivazione ottimale per i funghi, eliminando microrganismi nocivi e fornendo condizioni favorevoli alla crescita delle colonie fungine. Questi processi sono essenziali per ridurre il rischio di contaminazione e assicurare una crescita sana e vigorosa dei funghi, massimizzando così il rendimento del raccolto e la qualità dei corpi fruttiferi prodotti.

La preparazione del substrato inizia con la selezione e la miscelazione dei materiali necessari per creare un ambiente nutritivo e adatto alla crescita dei funghi. Questo può includere una combinazione di materiali come paglia, letame, compost, segatura e altri ingredienti, scelti in base alle esigenze specifiche delle specie fungine coltivate e alle caratteristiche del terreno. È importante garantire che i materiali utilizzati siano di alta qualità e privi di contaminanti, per evitare rischi di malattie o infestazioni fungine.

Una volta selezionati e miscelati i materiali, il substrato deve essere sottoposto a un processo di sterilizzazione per eliminare eventuali microrganismi nocivi presenti nel terreno. La sterilizzazione può essere realizzata attraverso metodi termici, come la vaporizzazione o il trattamento a vapore, che utilizzano il calore per uccidere batteri, funghi e altri microrganismi presenti nel substrato. Altri metodi di sterilizzazione possono includere l'uso di agenti chimici, come il perossido di idrogeno o il cloro, che vengono applicati al substrato per eliminare i microrganismi presenti.

Dopo la sterilizzazione, il substrato deve essere raffreddato e stabilizzato prima di essere utilizzato per la coltivazione dei funghi. Questo processo consente ai microrganismi benefici di ricolonizzare il substrato e di stabilire un equilibrio microbico sano, che può contribuire a proteggere le piante fungine da potenziali patogeni e promuovere una crescita robusta e vigorosa. È importante monitorare attentamente il processo di raffreddamento e stabilizzazione del substrato per garantire che le condizioni siano ottimali per la crescita dei funghi.

Una volta preparato e sterilizzato, il substrato può essere utilizzato per la coltivazione dei funghi, fornendo un ambiente nutritivo e protetto per la crescita delle colonie fungine. Seguendo i corretti processi di preparazione e sterilizzazione del substrato, i coltivatori possono garantire una crescita sana e produttiva dei funghi, ottenendo così un raccolto abbondante e di alta qualità.

5. Strategie per l'Adattamento del Substrato alle Esigenze Fungine

Le strategie per l'adattamento del substrato alle esigenze fungine sono fondamentali per garantire una crescita ottimale e una produzione abbondante di corpi fruttiferi di alta qualità. Poiché diversi tipi di funghi hanno esigenze nutrizionali e ambientali specifiche, è importante adottare approcci mirati per adattare il substrato alle esigenze delle specie fungine coltivate, massimizzando così il successo della coltivazione.

Una delle strategie più comuni per adattare il substrato alle esigenze fungine è l'aggiunta di nutrienti supplementari per arricchire la composizione del substrato e migliorare la disponibilità di nutrienti essenziali per i funghi. Questo può essere realizzato mediante l'incorporazione di fonti di nutrienti come farina di mais, farina di soia, farina di pesce o altri fertilizzanti organici nel substrato durante la preparazione, fornendo così una maggiore varietà di nutrienti e promuovendo una crescita sana e vigorosa delle colonie fungine.

Un'altra strategia importante è la regolazione delle condizioni ambientali del substrato, compresa l'umidità, la temperatura e il pH, per creare un ambiente ottimale per la crescita dei funghi. Ad esempio, specie come i funghi Pleurotus (fungo orecchio di giuda) prosperano in substrati con un pH leggermente acido, mentre specie come i funghi Shiitake (Lentinula edodes) preferiscono substrati leggermente alcalini. Regolare il pH del substrato può essere realizzato mediante l'aggiunta di correttori di pH come calcare o zolfo, per adattare il substrato alle esigenze specifiche delle specie fungine coltivate.

Inoltre, la gestione dell'umidità del substrato è essenziale per garantire una crescita sana dei funghi e prevenire problemi come la contaminazione da muffe o batteri. Monitorare e regolare l'umidità del substrato attraverso tecniche come l'irrigazione controllata, l'uso di coperture per la conservazione dell'umidità o l'installazione di sistemi di drenaggio può contribuire a mantenere un ambiente ottimale per la crescita dei funghi.

Infine, l'ottimizzazione della struttura fisica del substrato può migliorare la capacità di ritenzione d'acqua, la circolazione dell'aria e la penetrazione delle radici fungine nel substrato, promuovendo così una crescita sana e vigorosa delle colonie fungine. L'aggiunta di materiali porosi come la perlite, la vermiculite o la sabbia al substrato può migliorare la sua struttura e la sua capacità di ritenzione d'acqua, mentre l'uso di compost ben decomposto può aumentare la disponibilità di nutrienti e promuovere una migliore circolazione dell'aria nel substrato.

Adottando queste strategie per adattare il substrato alle esigenze fungine, i coltivatori possono massimizzare il successo della coltivazione dei funghi, ottenendo così un raccolto abbondante e di alta qualità.

IV. Preparazione del substrato: compostaggio e sterilizzazione

1. Processo di compostaggio per la preparazione del substrato

Il processo di compostaggio per la preparazione del substrato rappresenta una fase cruciale nella coltivazione dei funghi, poiché consente di trasformare materiali organici grezzi in un substrato ricco di nutrienti e privo di agenti patogeni. Questo processo, se eseguito correttamente, favorisce la decomposizione dei materiali organici e la formazione di composti stabili e utilizzabili dalle colonie fungine per la crescita e lo sviluppo.

Il compostaggio inizia con la selezione dei materiali organici da utilizzare come componenti del substrato. Questi materiali possono includere paglia, letame, segatura, scarti vegetali, foglie morte e altri rifiuti organici. È importante scegliere materiali di alta qualità e privi di contaminanti per evitare problemi di crescita fungina indesiderati. Una corretta combinazione di materiali è essenziale per garantire un equilibrio ottimale di nutrienti nel substrato e promuovere una decomposizione efficiente durante il compostaggio.

Una volta selezionati i materiali, il processo di compostaggio può iniziare. I materiali organici vengono mescolati insieme in un mucchio o un contenitore apposito e umidificati con acqua per avviare il processo di decomposizione. Durante il compostaggio, i microrganismi presenti nei materiali organici iniziano a degradare la materia organica attraverso processi di fermentazione e decomposizione. Questi microrganismi, tra cui batteri, funghi e altri organismi decompositori, lavorano insieme per scomporre i materiali organici complessi in composti più semplici e utilizzabili dai funghi.

Durante il processo di compostaggio, è importante mantenere condizioni ottimali per la crescita dei microrganismi decompositori. Ciò include mantenere un'adeguata umidità nel mucchio di compostaggio, assicurarsi che ci sia una buona aerazione per favorire la respirazione dei microrganismi e regolare la temperatura per promuovere un'attività microbica ottimale. Rivoltare periodicamente il mucchio di compostaggio può aiutare a ossigenare il materiale e favorire una decomposizione uniforme.

Il compostaggio può richiedere diverse settimane o mesi, a seconda della composizione dei materiali organici e delle condizioni ambientali. Durante questo periodo, è importante monitorare regolarmente il processo di compostaggio per assicurarsi che proceda correttamente e apportare eventuali correzioni se necessario. Una volta completato il compostaggio, il substrato risultante è pronto per essere utilizzato nella coltivazione dei funghi, fornendo un ambiente nutritivo e favorevole alla crescita delle colonie fungine.

2. Metodi di sterilizzazione del substrato per la coltivazione fungina

Nel processo di coltivazione dei funghi, la sterilizzazione del substrato è un passaggio critico per garantire un ambiente di crescita privo di contaminanti che potrebbero compromettere il successo del raccolto. Esistono diversi metodi di sterilizzazione del substrato, ognuno dei quali ha vantaggi e svantaggi specifici, e la scelta del metodo appropriato dipende dalle esigenze specifiche della coltivazione fungina e dalla disponibilità di attrezzature e risorse.

Uno dei metodi più comuni di sterilizzazione del substrato è l'uso del calore attraverso il trattamento termico. Questo può essere realizzato mediante l'uso di vapore, autoclavi, forni o bagni d'acqua calda, che riscaldano il substrato a temperature elevate per un periodo di tempo sufficiente a uccidere batteri, funghi e altri microrganismi presenti nel substrato. Il trattamento termico è efficace nel garantire una sterilizzazione completa del substrato, ma può richiedere attrezzature specializzate e consumare una quantità significativa di energia.

Un altro metodo di sterilizzazione del substrato è l'uso di agenti chimici, come il perossido di idrogeno, il cloro o il formaldeide, che vengono applicati al substrato per eliminare i microrganismi patogeni. Questi agenti chimici possono essere utilizzati in soluzioni diluite o vaporizzati per garantire una sterilizzazione completa del substrato. Tuttavia, è importante utilizzare agenti chimici in modo sicuro e seguirne attentamente le istruzioni per evitare contaminazioni indesiderate o danni alle piante fungine.

Un'altra opzione per la sterilizzazione del substrato è l'uso di raggi ultravioletti (UV), che possono essere utilizzati per eliminare batteri, funghi e altri microrganismi presenti sulla superficie del substrato. Tuttavia, i raggi UV possono penetrare solo superficialmente nel substrato e potrebbero non essere efficaci nel penetrare negli strati più profondi del substrato, dove i microrganismi patogeni possono risiedere.

Infine, l'uso di metodi naturali di sterilizzazione del substrato, come il compostaggio o il trattamento con acqua bollente, può essere una scelta più sostenibile e ecologica. Il compostaggio permette ai microrganismi decompositori presenti nel compost di competere con i microrganismi patogeni, riducendo così il rischio di contaminazione. Il trattamento con acqua bollente, invece, può essere utilizzato per sterilizzare il substrato senza l'uso di agenti chimici o attrezzature specializzate, ma può richiedere più tempo e risorse.

In conclusione, esistono diverse opzioni per la sterilizzazione del substrato nella coltivazione dei funghi, ciascuna con vantaggi e svantaggi specifici. La scelta del metodo appropriato dipende dalle esigenze specifiche della coltivazione e dalle risorse disponibili.

3. Tecniche di miscelazione dei materiali nel compost per la coltivazione dei funghi

Le tecniche di miscelazione dei materiali nel compost per la coltivazione dei funghi sono fondamentali per garantire un substrato ben equilibrato e ricco di nutrienti, favorendo così una crescita sana e vigorosa delle colonie fungine. La corretta miscelazione dei materiali è essenziale per garantire un'omogeneità del substrato e una distribuzione uniforme dei nutrienti, promuovendo così una crescita uniforme e una produzione abbondante di corpi fruttiferi.

Una delle tecniche più comuni di miscelazione dei materiali nel compost è l'uso di macchinari specializzati, come miscelatori a palette o tramoggia, che consentono di mescolare grandi quantità di materiali in modo efficiente e uniforme. Questi macchinari sono dotati di pale o eliche che girano all'interno del contenitore, mescolando i materiali e garantendo una distribuzione uniforme dei nutrienti in tutto il substrato.

Tuttavia, anche senza l'uso di attrezzature specializzate, è possibile miscelare i materiali manualmente utilizzando tecniche come il ribaltamento, il rivoltamento o la traslazione del mucchio di compostaggio. Queste tecniche permettono di mescolare i materiali in modo efficace e di garantire un'omogeneità del substrato, anche se possono richiedere più tempo e sforzo rispetto all'uso di macchinari.

Durante la miscelazione dei materiali nel compost, è importante prestare attenzione alla proporzione dei diversi componenti del substrato e alla loro distribuzione all'interno del compost. Ad esempio, è importante garantire una corretta proporzione di materiali carboniosi (come la paglia o la segatura) e azotati (come il letame) per favorire una decomposizione equilibrata e una crescita ottimale dei funghi. Inoltre, è importante assicurarsi che i materiali siano ben umidificati durante la miscelazione, poiché un'umidità adeguata è essenziale per attivare l'attività microbica e promuovere una decomposizione efficiente dei materiali organici.

Infine, è importante considerare anche altri fattori durante la miscelazione dei materiali nel compost, come la temperatura ambiente, la ventilazione e la durata del processo. Questi fattori possono influenzare l'efficacia della miscelazione e la qualità del compost risultante, quindi è importante monitorarli attentamente e apportare eventuali correzioni se necessario.

In conclusione, le tecniche di miscelazione dei materiali nel compost sono fondamentali per garantire un substrato ben equilibrato e ricco di nutrienti per la coltivazione dei funghi. Prestare attenzione alla corretta proporzione dei materiali, alla distribuzione uniforme e all'umidità adeguata durante il processo di miscelazione è essenziale per garantire una crescita sana e una produzione abbondante di funghi.

4. Impatto della sterilizzazione sulle proprietà del substrato

L'effetto della sterilizzazione sulle proprietà del substrato è un aspetto cruciale da considerare nella coltivazione dei funghi, poiché può influenzare direttamente la crescita e il rendimento del raccolto. La sterilizzazione del substrato comporta l'eliminazione di microrganismi patogeni e competitori che potrebbero competere con i funghi per i nutrienti, ma può anche avere effetti sulle caratteristiche fisiche, chimiche e biologiche del substrato stesso.

Dal punto di vista fisico, la sterilizzazione del substrato può alterare la struttura e la composizione dei materiali utilizzati, influenzando la porosità, la densità e la capacità di ritenzione dell'acqua del substrato. Ad esempio, l'applicazione di calore o agenti chimici durante il processo di sterilizzazione può causare la decomposizione dei materiali organici, modificando così la consistenza e la texture del substrato. Questi cambiamenti possono influenzare la capacità del substrato di trattenere l'umidità e di fornire un supporto adeguato alle radici dei funghi.

Dal punto di vista chimico, la sterilizzazione del substrato può influenzare la disponibilità dei nutrienti per i funghi. Ad esempio, l'esposizione a temperature elevate durante la sterilizzazione può causare la perdita di sostanze nutritive essenziali, come azoto, fosforo e potassio, rendendo il substrato meno ricco di nutrienti per i funghi. Inoltre, l'uso di agenti chimici durante il processo di sterilizzazione può lasciare residui che potrebbero essere tossici per i funghi o influenzare il pH del substrato, alterando così l'equilibrio nutrizionale del substrato.

Dal punto di vista biologico, la sterilizzazione del substrato può influenzare la composizione della microbiota del suolo e la sua interazione con i funghi. L'eliminazione dei microrganismi patogeni durante il processo di sterilizzazione può ridurre il rischio di malattie fungine e aumentare il successo del raccolto, ma può anche eliminare microrganismi benefici che potrebbero svolgere un ruolo importante nella decomposizione dei materiali organici e nella ciclizzazione dei nutrienti nel substrato.

In conclusione, l'effetto della sterilizzazione sulle proprietà del substrato può essere significativo e va valutato attentamente durante il processo di coltivazione dei funghi. È importante prendere in considerazione non solo l'efficacia della sterilizzazione nel ridurre il rischio di contaminazione e malattie fungine, ma anche gli effetti collaterali che potrebbe avere sulle caratteristiche fisiche, chimiche e biologiche del substrato e sulle prestazioni complessive del raccolto.

5. Ottimizzazione dei tempi e delle temperature nel compostaggio e nella sterilizzazione

L'ottimizzazione dei tempi e delle temperature nel compostaggio e nella sterilizzazione è un aspetto critico per garantire un substrato di alta qualità e la massima efficacia nel processo di coltivazione dei funghi. La scelta dei tempi e delle temperature corretti dipende da diversi fattori, tra cui il tipo di materiale utilizzato, le condizioni ambientali e le esigenze specifiche della specie fungina coltivata.

Nel processo di compostaggio, la regolazione dei tempi e delle temperature è fondamentale per favorire la decomposizione aerobica dei materiali organici e la formazione di compost maturo e stabile. Temperature comprese tra i 50°C e i 65°C sono ideali per accelerare il processo di decomposizione e ridurre al minimo il rischio di contaminazione da parte di microrganismi patogeni. Tuttavia, è importante evitare temperature troppo elevate che potrebbero danneggiare i microrganismi benefici e ridurre l'efficacia del compostaggio.

Nella fase di sterilizzazione del substrato, l'ottimizzazione dei tempi e delle temperature è cruciale per garantire l'eliminazione efficace di microrganismi patogeni e competitori senza compromettere le proprietà del substrato. Temperature comprese tra i 70°C e i 90°C sono generalmente raccomandate per la sterilizzazione del substrato, ma è importante mantenere una temperatura costante e uniforme per tutta la durata del processo. Tempi di sterilizzazione più lunghi possono essere necessari per garantire una sterilizzazione completa del substrato, specialmente se vengono utilizzati metodi di sterilizzazione a bassa temperatura o se il substrato è particolarmente denso o compatto.

Durante il processo di sterilizzazione, è importante monitorare attentamente le temperature e regolare eventualmente i parametri di sterilizzazione per garantire risultati ottimali. L'uso di termometri e termoregolatori può essere utile per mantenere una temperatura costante e controllata durante il processo. Inoltre, è importante considerare anche altri fattori, come l'umidità del substrato e la presenza di materiali organici, che possono influenzare l'efficacia della sterilizzazione e la qualità del substrato risultante.

In conclusione, l'ottimizzazione dei tempi e delle temperature nel compostaggio e nella sterilizzazione è essenziale per garantire una coltivazione di successo dei funghi. Regolare attentamente i parametri di compostaggio e sterilizzazione in base alle esigenze specifiche del substrato e delle specie fungine coltivate è fondamentale per ottenere un substrato di alta qualità e massimizzare il rendimento del raccolto.

V. Propagazione dei funghi: spore, micelio e colonizzazione del substrato

1. Introduzione alla propagazione fungina: concetti e terminologia

L'introduzione alla propagazione fungina è un passo fondamentale nel processo di coltivazione dei funghi, che richiede una comprensione approfondita dei concetti e della terminologia associata. La propagazione fungina si riferisce al processo attraverso il quale i funghi si riproducono e si diffondono, dando origine a nuove colonie fungine su substrati adatti. Questo processo può avvenire attraverso diverse modalità, tra cui la dispersione delle spore e la diffusione del micelio.

Le spore fungine sono le cellule riproduttive dei funghi, simili ai semi nelle piante superiori. Sono generalmente prodotte da strutture riproduttive specializzate, come i corpi fruttiferi o i basidi. Le spore fungine sono piccole e leggere, il che consente loro di diffondersi facilmente nell'ambiente circostante attraverso il vento, l'acqua o gli animali. Una volta depositate su un substrato adatto, le spore germinano e sviluppano il micelio, che è il corpo vegetativo del fungo costituito da una rete di filamenti sottili chiamati ife.

Il micelio è responsabile della colonizzazione del substrato e della ricerca e assorbimento dei nutrienti necessari per la crescita e lo sviluppo del fungo. Durante il processo di propagazione, il micelio si diffonde attraverso il substrato, ramificandosi e formando una rete intricata che favorisce l'assorbimento dei nutrienti e la formazione dei corpi fruttiferi. Il micelio può propagarsi sia in superficie che all'interno del substrato, colonizzandolo gradualmente fino a formare una colonia fungina ben sviluppata.

Nel contesto della coltivazione dei funghi, è importante comprendere la terminologia associata alla propagazione fungina, come spore, micelio, colonizzazione del substrato e inoculo. Questi concetti forniscono le basi per una corretta comprensione e applicazione delle tecniche di propagazione, che sono essenziali per ottenere un raccolto abbondante e di alta qualità.

In sintesi, l'introduzione alla propagazione fungina è un aspetto cruciale della coltivazione dei funghi, che richiede una conoscenza approfondita dei concetti e della terminologia associata. Comprendere il ruolo delle spore e del micelio nella diffusione e nella colonizzazione del substrato è fondamentale per una corretta applicazione delle tecniche di propagazione e per ottenere risultati ottimali nella coltivazione dei funghi.

2. Raccolta e preparazione delle spore per la propagazione

La raccolta e la preparazione delle spore fungine per la propagazione rappresentano un'importante fase nel processo di coltivazione dei funghi, richiedendo attenzione e precisione per assicurare la qualità e la vitalità delle spore. Le spore fungine possono essere raccolte da diversi tipi di corpi fruttiferi, come i basidi dei funghi lamellati o i conidi dei funghi che producono conidi. È fondamentale scegliere corpi fruttiferi sani e mature per garantire che le spore siano vitali e in grado di germinare con successo.

Una volta raccolte, le spore devono essere preparate per la propagazione. Questo processo di preparazione può variare a seconda delle tecniche di propagazione utilizzate e delle preferenze individuali del coltivatore. Una delle metodologie più comuni è la preparazione di una sospensione di spore, che coinvolge la rimozione delle spore dai corpi fruttiferi e la loro dispersione in un liquido sterile, come acqua distillata o soluzione salina. Questa sospensione può essere utilizzata per inoculare il substrato di coltivazione o per preparare mezzi di coltura per la crescita del micelio.

Un'altra tecnica di preparazione delle spore è la stampa dei funghi, che coinvolge la raccolta delle spore depositate su una superficie sterile, come carta da filtro o vetro. Dopo aver raccolto le spore, la stampa può essere sigillata e conservata per un uso futuro o le spore possono essere trasferite direttamente sul substrato di coltivazione.

È importante manipolare le spore in condizioni sterili per evitare la contaminazione da parte di microrganismi estranei che potrebbero compromettere la propagazione e la salute del raccolto fungino. Pertanto, è consigliabile lavorare in un ambiente pulito e utilizzare attrezzature sterilizzate, come guanti e pinzette, durante la raccolta e la preparazione delle spore.

La corretta raccolta e preparazione delle spore fungine sono cruciali per il successo della propagazione e della coltivazione dei funghi. Seguire procedure precise e garantire la sterilità durante il processo può contribuire a garantire la vitalità e la purezza delle spore, massimizzando così le possibilità di un raccolto sano e abbondante.

3. Inoculazione del substrato con micelio: tecniche e considerazioni

Per garantire una corretta inoculazione del substrato con il micelio, è fondamentale adottare un approccio metodico e attento. Ci sono diversi passaggi da considerare per assicurare che il processo sia eseguito correttamente e che il micelio si sviluppi in modo sano e vigoroso.

Innanzitutto, è importante selezionare un substrato di alta qualità e prepararlo adeguatamente prima dell'inoculazione. Il substrato dovrebbe essere sterile e privo di contaminanti per evitare la crescita di organismi indesiderati che potrebbero competere con il micelio.

Il micelio può essere ottenuto da diverse fonti, come colture liquide, spawn di grano o sacchetti di micelio. È essenziale assicurarsi che il micelio sia sano e attivo prima dell'inoculazione. Puoi controllare la sua salute osservando la sua colorazione, che dovrebbe essere biancastra e priva di muffe o odori sgradevoli.

Durante l'inoculazione, è importante mantenere un ambiente pulito e sterile per evitare contaminazioni. Assicurati di lavare accuratamente le mani e di sterilizzare tutti gli strumenti utilizzati nel processo. Puoi anche considerare l'uso di una capanna per flusso laminare o di una zona di lavoro dedicata per ridurre al minimo il rischio di contaminazione.

Una volta inoculato il substrato, è importante mantenere condizioni ottimali di temperatura e umidità per favorire la crescita del micelio. Ogni specie di fungo ha requisiti specifici, quindi assicurati di familiarizzare con le esigenze del fungo che stai coltivando.

Infine, monitora attentamente il progresso della colonizzazione del substrato. Potresti notare un aumento della crescita del micelio nel corso dei giorni o delle settimane successive all'inoculazione. Una volta che il substrato è completamente colonizzato, è pronto per essere trasferito in condizioni di fruttificazione per produrre i corpi fruttiferi desiderati.

Seguendo attentamente questi passaggi e adottando pratiche di coltivazione pulite e attente, puoi massimizzare le tue probabilità di successo nella coltivazione di funghi commestibili.

4. Monitoraggio della colonizzazione del substrato: segni e tempistiche

Il monitoraggio della colonizzazione del substrato rappresenta un aspetto cruciale nella coltivazione dei funghi, poiché fornisce informazioni vitali sullo sviluppo del micelio e sull'avanzamento del processo di crescita fungina. Durante questa fase, è essenziale osservare attentamente il substrato per individuare segni di colonizzazione e valutare la sua idoneità per la successiva fase di fruttificazione.

Uno dei segni più evidenti della colonizzazione del substrato è la formazione di micelio, una rete di filamenti bianchi o color crema prodotta dal fungo durante il suo ciclo vitale. Il micelio si espande attraverso il substrato in cerca di nutrienti, formando una struttura ramificata che può essere visibile attraverso la superficie del materiale di coltivazione. L'aspetto e la densità del micelio possono variare a seconda della specie fungina e delle condizioni ambientali, ma in generale, un substrato ben colonizzato sarà caratterizzato da una copertura uniforme e densa di micelio.

Oltre alla presenza di micelio, è importante monitorare anche altri segni di colonizzazione del substrato, come cambiamenti nel colore e nella consistenza del materiale. Ad esempio, il substrato potrebbe assumere una tonalità più scura o diventare più compatto man mano che il micelio si sviluppa e consuma i nutrienti presenti nel materiale. In alcuni casi, potrebbe anche essere osservata la formazione di aggregati fungini o di strutture fruttifere precursori, come primordi o bottoni di fruttificazione.

Il tempismo della colonizzazione del substrato può variare a seconda della specie fungina, delle condizioni ambientali e delle tecniche di coltivazione utilizzate. Tuttavia, in generale, la colonizzazione del substrato dovrebbe verificarsi entro un periodo di tempo specifico dopo l'inoculazione delle spore o del micelio nel materiale di coltivazione. Il monitoraggio regolare della colonizzazione del substrato consente ai coltivatori di valutare l'efficacia delle loro pratiche di coltivazione e di apportare eventuali correzioni o aggiustamenti necessari per ottimizzare il processo di crescita fungina.

In conclusione, il monitoraggio attento della colonizzazione del substrato fornisce informazioni preziose per i coltivatori di funghi, consentendo loro di valutare lo stato di avanzamento della coltivazione e di intervenire tempestivamente per garantire il successo del raccolto. Osservando i segni e le tempistiche della colonizzazione del substrato, i coltivatori possono migliorare le loro capacità di gestione del processo di crescita fungina e ottenere raccolti più consistenti e di alta qualità.

5. Ottimizzazione della propagazione: strategie per massimizzare il successo

Per ottimizzare la propagazione dei funghi e massimizzare il successo del processo, è fondamentale adottare una serie di strategie mirate che tengano conto di diversi fattori, tra cui la selezione del substrato, le condizioni ambientali, e le tecniche di inoculazione. Una corretta pianificazione e esecuzione di queste strategie può favorire una colonizzazione rapida e vigorosa del substrato, garantendo un raccolto abbondante e di alta qualità.

Innanzitutto, una delle strategie chiave è la scelta del substrato più adatto alle esigenze specifiche della specie fungina da coltivare. Diversi tipi di funghi prosperano su substrati diversi, pertanto è importante selezionare un materiale compatibile con le preferenze nutrizionali del fungo in questione. Ad esempio, alcune specie fungine prediligono substrati a base di legno, come segatura o trucioli, mentre altre prosperano su materiali compostati o substrati a base di cereali.

In secondo luogo, è essenziale garantire condizioni ambientali ottimali per favorire la crescita e la diffusione del micelio nel substrato. Questo include il controllo accurato di parametri come temperatura, umidità e ventilazione all'interno del luogo di coltivazione. Le temperature ideali possono variare a seconda della specie fungina, ma in generale, è consigliabile mantenere il substrato a una temperatura costante e controllata durante tutto il processo di colonizzazione.

Una terza strategia consiste nell'utilizzare metodi di inoculazione efficaci per introdurre le spore o il micelio nel substrato in modo uniforme e efficiente. Questo può includere tecniche come l'inoculazione diretta, l'aggiunta di micelio a substrati sterilizzati, o l'utilizzo di spawn o starter colonizzati. Scegliere il metodo di inoculazione più appropriato dipende dalle caratteristiche del fungo coltivato e dalle risorse disponibili.

Inoltre, è importante prestare attenzione alla gestione della competizione microbica durante il processo di propagazione. Le contaminazioni batteriche o fungine possono compromettere il successo della coltivazione, riducendo la disponibilità di nutrienti per il fungo coltivato e compromettendo la salute del raccolto. Pertanto, è consigliabile adottare pratiche di igiene rigorose e monitorare costantemente il substrato per segni di contaminazione, intervenendo tempestivamente se necessario.

Infine, una corretta gestione post-propagazione può contribuire a consolidare il successo del processo di crescita fungina e preparare il substrato per la fase di fruttificazione. Ciò può includere pratiche come la manutenzione delle condizioni ambientali ottimali, la gestione dell'umidità e l'aerazione del substrato, nonché la valutazione periodica della colonizzazione e la preparazione per la fase successiva del ciclo vitale del fungo.

Seguendo queste strategie e adottando un approccio olistico alla propagazione fungina, i coltivatori possono aumentare significativamente le probabilità di successo e ottenere raccolti consistenti e di alta qualità.

VI. Scelta delle specie di funghi da coltivare: champignon (Agaricus bisporus)

1. Caratteristiche distintive del champignon (Agaricus bisporus)

Il champignon (Agaricus bisporus) è uno dei funghi commestibili più coltivati al mondo, ampiamente apprezzato per il suo sapore delicato, la consistenza carnosa e la versatilità in cucina. Le sue caratteristiche distintive lo rendono una scelta popolare tra i coltivatori domestici e commerciali, poiché offre numerosi vantaggi sia in termini di coltivazione che di utilizzo culinario.

Innanzitutto, il champignon è conosciuto per la sua capacità di adattarsi a una vasta gamma di condizioni ambientali, il che lo rende relativamente facile da coltivare anche per i principianti. Questo fungo può prosperare in substrati composti da materiali organici come letame, paglia e compost, e può essere coltivato con successo sia in ambienti controllati, come le serre, che in spazi più naturali, come i sottoboschi.

Un'altra caratteristica distintiva del champignon è la sua rapida crescita e il suo ciclo vitale relativamente breve. Rispetto ad altre specie fungine, il champignon ha un tempo di crescita relativamente veloce, consentendo ai coltivatori di ottenere un raccolto significativo in un periodo relativamente breve. Questa rapidità di crescita lo rende una scelta pratica per chi desidera ottenere risultati rapidi e frequenti nella coltivazione di funghi.

Inoltre, il champignon è noto per la sua versatilità in cucina e la sua capacità di adattarsi a una vasta gamma di ricette e preparazioni culinarie. Può essere consumato crudo nelle insalate, cotto nei piatti principali, utilizzato come ripieno per torte salate o come ingrediente per zuppe, salse e sughi. La sua consistenza carnosa e il suo sapore delicato si sposano bene con una varietà di ingredienti e condimenti, rendendolo un ingrediente preferito in molte cucine di tutto il mondo.

Infine, il champignon è apprezzato anche per i suoi benefici nutrizionali, poiché è ricco di proteine, fibre, vitamine del gruppo B, e minerali essenziali come il selenio e il fosforo. Questo fungo è anche relativamente basso in calorie e grassi, rendendolo una scelta salutare per una dieta equilibrata e variegata.

In sintesi, il champignon (Agaricus bisporus) si distingue per la sua adattabilità, la sua rapida crescita, la sua versatilità culinaria e i suoi benefici nutrizionali, rendendolo una scelta ideale per i coltivatori e gli appassionati di cucina di ogni livello di esperienza.

2. Requisiti ambientali per la coltivazione del champignon

La coltivazione del champignon richiede particolari requisiti ambientali che devono essere attentamente considerati per garantire una crescita ottimale e un raccolto abbondante. Questi requisiti variano in base alla fase di crescita del fungo e includono diversi fattori come temperatura, umidità, luce e ventilazione.

Innanzitutto, la temperatura è un fattore critico per la coltivazione del champignon. Questo fungo prospera in un intervallo di temperatura compreso tra i 15°C e i 24°C durante la fase di crescita del micelio nel substrato. Durante la fase di fruttificazione, la temperatura dovrebbe essere mantenuta leggermente più bassa, intorno ai 12°C - 18°C, per favorire lo sviluppo dei corpi fruttiferi. È fondamentale mantenere una temperatura costante e controllata per evitare stress termico e problemi di crescita.

Oltre alla temperatura, l'umidità è un altro fattore critico per la coltivazione del champignon. Durante la fase di crescita del micelio nel substrato, l'umidità dovrebbe essere mantenuta intorno al 70-80% per favorire una crescita vigorosa e una colonizzazione efficace del substrato. Tuttavia, durante la fase di fruttificazione, l'umidità dovrebbe essere leggermente ridotta, intorno al 85-90%, per evitare problemi di muffa e per favorire lo sviluppo dei corpi fruttiferi. Il monitoraggio e il controllo dell'umidità sono essenziali per evitare condizioni troppo secche o troppo umide che potrebbero compromettere la salute del fungo.

La luce è un altro aspetto importante da considerare nella coltivazione del champignon, anche se il fungo stesso non richiede luce per crescere. Tuttavia, durante la fase di fruttificazione, una luce diffusa e indiretta è benefica per l'orientamento dei corpi fruttiferi verso la superficie del substrato. È importante evitare l'esposizione diretta alla luce solare, che potrebbe causare un'eccessiva evaporazione dell'umidità e danneggiare il fungo.

Infine, la ventilazione è essenziale per garantire un adeguato scambio di aria all'interno dell'ambiente di coltivazione. Una buona ventilazione aiuta a prevenire la formazione di condensa e a mantenere l'umidità ottimale, oltre a ridurre il rischio di muffe e malattie fungine. È consigliabile utilizzare ventilatori o aperture regolabili per controllare il flusso d'aria e assicurarsi che l'ambiente di coltivazione sia ben ventilato.

In sintesi, la coltivazione del champignon richiede un'attenzione particolare ai requisiti ambientali come temperatura, umidità, luce e ventilazione, al fine di garantire una crescita sana e un raccolto abbondante.

3. Preparazione del substrato ottimale per il champignon

La preparazione del substrato per la coltivazione ottimale del champignon è un processo cruciale che richiede attenzione ai dettagli e una corretta gestione delle risorse. Il substrato, che costituisce il terreno nutritivo per il fungo, deve essere selezionato e preparato con cura per garantire condizioni ideali per la crescita e lo sviluppo del micelio.

Il substrato più comunemente utilizzato per la coltivazione del champignon è il compost di letame di cavallo, spesso arricchito con materiali come paglia, segatura, e altri residui organici. La scelta del compost è fondamentale, poiché fornisce al fungo una fonte ricca di nutrienti e sostanze organiche essenziali per la crescita. È importante assicurarsi che il compost sia ben maturo e privo di agenti patogeni che potrebbero compromettere la salute del fungo.

Prima di utilizzare il compost, è necessario eseguire una fase di pasteurizzazione o sterilizzazione per eliminare eventuali microrganismi nocivi presenti nel substrato. La pasteurizzazione può essere eseguita mediante il trattamento del compost con vapore o calore, mentre la sterilizzazione prevede l'utilizzo di autoclavi o altre tecniche che eliminano completamente batteri e funghi indesiderati. Questo passaggio è essenziale per garantire un ambiente sterile e ridurre il rischio di contaminazione durante la fase di colonizzazione del substrato da parte del micelio.

Una volta preparato e sterilizzato, il substrato viene disposto in contenitori o letti di coltivazione, dove viene inoculato con il micelio del champignon. Questo può essere fatto utilizzando micelio colonizzato da un ceppo di champignon precedentemente coltivato o acquistato da fornitori specializzati. È importante distribuire uniformemente il micelio sul substrato per favorire una rapida colonizzazione e una crescita uniforme.

Durante il processo di colonizzazione, è fondamentale mantenere il substrato umido ma non troppo bagnato, in modo da fornire al micelio le condizioni ottimali per crescere e diffondersi attraverso il substrato. È consigliabile controllare regolarmente l'umidità del compost e, se necessario, nebulizzare acqua per mantenere un livello costante di umidità.

In conclusione, la preparazione del substrato ottimale per la coltivazione del champignon richiede la selezione accurata del compost, la sua pasteurizzazione o sterilizzazione, e la corretta inoculazione con il micelio del fungo. Seguendo attentamente questi passaggi e monitorando attentamente il processo, è possibile creare un ambiente favorevole per una crescita sana e un raccolto abbondante di champignon.

4. Propagazione del champignon: spore, micelio e inoculazione

La propagazione del champignon coinvolge diverse fasi cruciali che richiedono precisione e attenzione ai dettagli per garantire una crescita ottimale e un raccolto abbondante. Questo processo inizia con la raccolta delle spore, che sono le strutture riproduttive del fungo responsabili della generazione di nuovo micelio. Le spore possono essere raccolte da esemplari maturi di champignon attraverso diverse tecniche, tra cui la spolveratura dei cappelli dei funghi maturi o l'utilizzo di apposite apparecchiature per la raccolta e la conservazione delle spore.

Una volta raccolte, le spore vengono preparate per la propagazione. Questo può implicare la loro disidratazione per la conservazione a lungo termine o la loro immediata inoculazione su un substrato nutritivo per avviare il processo di colonizzazione. La preparazione delle spore è una fase critica, poiché influisce sulla loro vitalità e capacità di germinare con successo.

Dopo la preparazione, le spore vengono inoculate su un substrato appropriato per la crescita del micelio. Questo substrato può essere costituito da compost di letame di cavallo, segatura, paglia o una combinazione di questi materiali. L'inoculazione delle spore può essere eseguita direttamente sul substrato mediante dispersione o spruzzatura, oppure attraverso l'aggiunta di spore a una soluzione liquida che viene quindi versata sul substrato.

Una volta inoculato, il micelio inizia a crescere e a diffondersi attraverso il substrato, colonizzandolo gradualmente. Questo processo richiede tempo e può richiedere diverse settimane prima che il substrato sia completamente colonizzato. Durante questo periodo, è importante mantenere le condizioni ambientali ottimali, inclusa l'umidità e la temperatura, per favorire una crescita sana e robusta del micelio.

Una volta che il substrato è stato completamente colonizzato, il champignon è pronto per la fase di fruttificazione, durante la quale verranno prodotti i corpi fruttiferi commestibili. Questa fase richiede un'ulteriore gestione delle condizioni ambientali, inclusa la regolazione dell'umidità, della temperatura e della ventilazione, per garantire una crescita ottimale dei funghi.

In conclusione, la propagazione del champignon coinvolge la raccolta e la preparazione delle spore, l'inoculazione del substrato e la successiva crescita e fruttificazione del micelio. Seguendo attentamente questi passaggi e monitorando attentamente il processo, è possibile ottenere un raccolto abbondante e di alta qualità di champignon.

5. Strategie di cura e gestione durante la coltivazione del champignon

La cura e la gestione durante la coltivazione del champignon richiedono un'attenzione costante e una comprensione approfondita delle esigenze del fungo. Queste strategie sono cruciali per garantire una crescita sana e un raccolto abbondante, e possono includere una serie di pratiche che vanno dalla gestione delle condizioni ambientali alla prevenzione delle malattie e dei parassiti.

Per garantire una crescita ottimale del champignon, è essenziale mantenere condizioni ambientali controllate e stabili all'interno dell'area di coltivazione. Questo include il monitoraggio e il controllo della temperatura, dell'umidità e della ventilazione. La temperatura ottimale per la coltivazione del champignon si situa generalmente tra i 15°C e i 24°C, con un'umidità relativa intorno al 70-80%. È importante anche assicurare una buona ventilazione per prevenire la formazione di muffe e batteri nocivi.

Un'altra importante strategia di cura è la gestione dell'irrigazione. Il champignon richiede un'umidità costante per una crescita sana, ma è fondamentale evitare ristagni d'acqua che potrebbero favorire lo sviluppo di funghi nocivi o malattie fungine. Si consiglia di irrigare il substrato con parsimonia e di utilizzare acqua pulita e priva di cloro.

La nutrizione è un altro aspetto cruciale della cura del champignon. Assicurarsi che il substrato sia ricco di sostanze nutritive essenziali è fondamentale per una crescita vigorosa e un raccolto di qualità. Integrare il substrato con compost di alta qualità o altri fertilizzanti organici può contribuire a fornire al fungo i nutrienti di cui ha bisogno.

È inoltre importante praticare una buona igiene durante la coltivazione del champignon. Mantenere puliti gli strumenti e l'area di coltivazione può contribuire a prevenire la diffusione di malattie e parassiti. Si consiglia di disinfettare regolarmente le attrezzature e di rimuovere i corpi fruttiferi danneggiati o infetti per evitare la contaminazione del substrato.

Infine, è consigliabile monitorare attentamente la crescita e lo sviluppo del champignon durante tutto il ciclo di coltivazione. Osservare i segni di malattie, parassiti o altri problemi e intervenire prontamente con le misure correttive necessarie può aiutare a proteggere il raccolto e massimizzare il successo della coltivazione.

Seguendo queste strategie di cura e gestione, è possibile coltivare con successo il champignon e ottenere un raccolto abbondante e di alta qualità.

VII. Coltivazione dei champignon: dalle spore alla fruttificazione

1. Raccolta e Preparazione delle Spore di Champignon

La raccolta e la preparazione delle spore di champignon costituiscono una fase cruciale nel processo di coltivazione di questi prelibati funghi commestibili. Le spore, essendo le unità riproduttive dei funghi, sono essenziali per avviare il ciclo vitale del champignon e ottenere una coltivazione di successo.

Prima di procedere con la raccolta delle spore, è fondamentale selezionare esemplari sani e vigorosi di champignon per garantire la qualità del materiale genetico. Questi funghi devono essere maturi ma non troppo avanzati nella fase di sviluppo, in modo da garantire che le spore siano mature e vitali.

La raccolta delle spore avviene tipicamente tramite l'isolamento del cappello del fungo su una superficie sterile, come un vetrino o un foglio di carta alluminio, evitando il contatto con altre superfici per prevenire la contaminazione.

Una volta raccolte, le spore devono essere preparate per l'inoculazione nel substrato di coltivazione. Questo processo di preparazione può includere la separazione delle spore dai tessuti vegetativi del fungo, mediante centrifugazione o altri metodi di separazione. Le spore così ottenute vengono quindi diluite in una soluzione sterilizzata per garantire la purezza e la vitalità del materiale genetico.

È importante adottare rigorose misure di igiene durante tutte le fasi di raccolta e preparazione delle spore per evitare la contaminazione microbiologica e garantire il successo della coltivazione.

Una volta preparate, le spore sono pronte per essere inoculate nel substrato di coltivazione, avviando così il processo di crescita del micelio e la successiva fruttificazione dei champignon. La raccolta e la preparazione accurata delle spore sono dunque passaggi fondamentali per ottenere una coltivazione di champignon di alta qualità e rendimento.

2. Preparazione del Substrato per la Coltivazione del Champignon

La preparazione del substrato per la coltivazione del champignon richiede attenzione e cura per fornire alle spore un ambiente ottimale per germogliare e crescere in un micelio sano e robusto. Un substrato ben preparato è essenziale per garantire una buona resa di champignon di alta qualità.

Il substrato più comunemente utilizzato per la coltivazione del champignon è il compost di letame, spesso ottenuto da letame di cavallo miscelato con paglia e altri materiali organici. Questo compost fornisce i nutrienti necessari e una struttura fisica adatta per il crescere del fungo.

La prima fase nella preparazione del substrato consiste nella miscelazione dei materiali composti. Il letame fresco viene spesso lavorato insieme alla paglia e ad altri materiali organici per ottenere una miscela omogenea e ben aerata. Questa miscela viene quindi sistemata in pile e lasciata fermentare e compostare per diverse settimane, durante le quali si verifica un processo di decomposizione naturale che trasforma i materiali grezzi in un substrato ricco di nutrienti.

Durante il processo di compostaggio, è fondamentale mantenere un'adeguata umidità e aerazione per favorire l'attività microbica responsabile della decomposizione dei materiali organici. Questo può richiedere regolari rivoltamenti e irrigazioni per garantire che il substrato rimanga umido ma non eccessivamente bagnato.

Una volta completato il processo di compostaggio, il substrato viene sottoposto a sterilizzazione per eliminare eventuali patogeni e concorrenza microbica che potrebbero compromettere la coltivazione dei funghi. La sterilizzazione può avvenire mediante calore, utilizzando ad esempio vapore o calore secco, oppure mediante l'uso di agenti chimici sterilizzanti.

Dopo la sterilizzazione, il substrato è pronto per l'inoculazione delle spore di champignon. Questo processo di preparazione del substrato è cruciale per garantire una buona crescita del micelio e una produzione abbondante di champignon di alta qualità.

3. Inoculazione del Substrato con le Spore di Champignon

L'inoculazione del substrato con le spore di champignon è una fase cruciale nel processo di coltivazione dei funghi. Questo passaggio determina l'inizio della crescita del micelio, la rete di filamenti vegetativi del fungo, che si svilupperà nel substrato per formare le strutture fruttifere dei champignon.

Per inoculare il substrato con le spore, è necessario preparare una soluzione liquida contenente le spore stesse. Questa soluzione può essere ottenuta raccogliendo le spore direttamente da champignon maturi e maturi, oppure acquistando spore commerciali da fornitori specializzati. Le spore vengono quindi mescolate con acqua sterilizzata o una soluzione nutritiva per creare una sospensione omogenea.

Una volta ottenuta la sospensione di spore, questa viene distribuita uniformemente sul substrato precedentemente preparato. Questo può essere fatto tramite diverse tecniche, tra cui la nebulizzazione o la spruzzatura della sospensione sul substrato, o l'immersione del substrato nella sospensione stessa. L'obiettivo è garantire una distribuzione uniforme delle spore su tutto il substrato in modo che possano germinare e iniziare a crescere in modo uniforme.

Dopo l'inoculazione, il substrato viene mantenuto in condizioni ottimali di umidità e temperatura per favorire la germinazione delle spore e la crescita del micelio. Questo può richiedere il monitoraggio regolare delle condizioni ambientali e l'apporto di eventuali correzioni necessarie.

È importante notare che l'inoculazione del substrato deve essere eseguita con cura e attenzione per evitare la contaminazione da parte di altri microrganismi indesiderati. Pertanto, è consigliabile seguire scrupolosamente le pratiche di sterilizzazione e igiene durante l'intero processo di inoculazione.

Una volta completata l'inoculazione, il substrato viene lasciato maturare per un periodo di tempo sufficiente affinché il micelio si sviluppi e colonizzi completamente il substrato. Questo periodo può variare a seconda delle condizioni ambientali e del tipo di substrato utilizzato, ma in genere può richiedere diverse settimane.

4. Monitoraggio della Colonizzazione del Substrato da Parte del Micelio

Il monitoraggio della colonizzazione del substrato da parte del micelio è un aspetto cruciale della coltivazione dei champignon. Durante questa fase, è essenziale osservare attentamente il substrato per valutare l'efficacia dell'inoculazione e garantire che il micelio si stia sviluppando in modo sano e vigoroso.

Una delle prime indicazioni del successo dell'inoculazione è la comparsa di colonie di micelio sul substrato. Queste colonie appaiono come ammassi di filamenti bianchi o avorio che si diffondono attraverso il substrato. È importante esaminare attentamente il substrato per individuare la presenza e la diffusione del micelio in diverse aree. Un'adeguata colonizzazione del substrato è indicativa di una buona germinazione delle spore e di una crescita sana del micelio.

Durante il monitoraggio, è importante prestare attenzione a eventuali segni di contaminazione o problemi di crescita. Ad esempio, la presenza di muffe o altri microrganismi indesiderati può indicare una contaminazione del substrato, che può compromettere il successo della coltivazione. Inoltre, il colore e la consistenza del micelio possono fornire indicazioni sulla sua salute e vitalità. Il micelio sano dovrebbe essere di colore bianco brillante e avere una consistenza densa e filamentosa.

Oltre all'aspetto visivo, è possibile valutare la crescita del micelio mediante esami olfattivi e tattili. Un odore fresco e terroso è indicativo di una crescita sana del micelio, mentre odori sgradevoli possono suggerire la presenza di contaminanti o problemi di crescita. Inoltre, il substrato dovrebbe presentare una consistenza uniforme e leggermente umida al tatto, indicando un'adeguata idratazione per sostenere la crescita del micelio.

Durante il processo di monitoraggio, è consigliabile prendere note dettagliate sullo stato del substrato e del micelio, registrando eventuali osservazioni significative. Questo aiuta a identificare tempestivamente eventuali problemi e a prendere misure correttive per garantire il successo della coltivazione dei champignon.

5. Gestione delle Condizioni Ambientali per la Crescita del Micelio

La gestione delle condizioni ambientali è fondamentale per favorire la crescita sana e vigorosa del micelio durante la coltivazione dei champignon. Questi funghi richiedono un ambiente specifico per prosperare, e il controllo accurato di diversi fattori ambientali è essenziale per garantire una produzione ottimale.

La temperatura è uno dei fattori più critici da monitorare. Il micelio dei champignon cresce meglio in un intervallo di temperatura compreso tra i 21°C e i 24°C. Temperature più alte possono favorire la crescita di muffe indesiderate o causare stress al micelio, mentre temperature più basse possono rallentare la crescita o addirittura arrestarla. È importante mantenere una temperatura costante e controllata all'interno dell'area di coltivazione utilizzando sistemi di riscaldamento o raffreddamento, se necessario.

L'umidità ambientale è un altro fattore critico da considerare. Il micelio richiede un ambiente relativamente umido per crescere in modo ottimale. Un'umidità relativa tra il 70% e l'80% è ideale per la crescita del micelio dei champignon. È possibile regolare l'umidità utilizzando sistemi di nebulizzazione, umidificatori o ventilatori per garantire un'umidità costante e uniforme all'interno dell'area di coltivazione.

La ventilazione è fondamentale per garantire un adeguato scambio di aria e prevenire la formazione di condensa eccessiva, che potrebbe favorire la crescita di muffe o batteri nocivi. Un flusso d'aria costante e controllato aiuta a mantenere un ambiente fresco e ossigenato per il micelio, favorendo una crescita sana e riducendo il rischio di contaminazione.

La luce è un altro fattore ambientale da considerare, anche se il micelio dei champignon non richiede necessariamente luce per crescere. Tuttavia, una leggera illuminazione può essere utile per facilitare il monitoraggio della crescita e per orientare eventuali interventi di gestione.

Infine, è importante mantenere un ambiente pulito e sterile per prevenire la contaminazione del substrato da parte di agenti patogeni esterni. Questo può essere ottenuto attraverso pratiche di igiene rigorose e l'uso di attrezzature e materiali sterilizzati.

Gestire accuratamente queste condizioni ambientali è essenziale per favorire una crescita sana e robusta del micelio dei champignon, preparandoli per una fruttificazione abbondante e di alta qualità.

6. Induzione della Fruttificazione del Champignon

L'induzione della fruttificazione del champignon è una fase cruciale del processo di coltivazione che richiede attenzione e cura particolari per garantire una produzione abbondante e di alta qualità. Questa fase inizia quando il substrato è stato completamente colonizzato dal micelio e le condizioni ambientali sono state ottimizzate per favorire la crescita del fungo. Tuttavia, per ottenere una fruttificazione efficace, è necessario innescare specifici stimoli ambientali che inducano il fungo a produrre corpi fruttiferi, cioè i funghi veri e propri.

Una delle principali tecniche utilizzate per indurre la fruttificazione del champignon è la manipolazione della temperatura e dell'umidità. Dopo che il substrato è stato completamente colonizzato dal micelio, è possibile abbassare leggermente la temperatura e aumentare leggermente l'umidità per simulare le condizioni tipiche dell'autunno, che è la stagione naturale di fruttificazione per molti funghi, compresi i champignon. Questo cambio graduale nelle condizioni ambientali può stimolare la formazione di corpi fruttiferi.

Inoltre, l'introduzione di luce e aria fresca è essenziale per l'induzione della fruttificazione. Esposizione a una luce diffusa, preferibilmente di tipo bianco, per diverse ore al giorno può mimare le condizioni di luce naturale che i funghi incontrerebbero all'aperto durante la loro crescita. Inoltre, un adeguato flusso d'aria favorisce lo sviluppo sano dei corpi fruttiferi e aiuta a prevenire problemi come il collasso dei funghi e la formazione di muffe.

È importante anche mantenere una buona igiene durante questa fase, poiché i corpi fruttiferi sono più suscettibili alla contaminazione batterica o fungina. Pulire regolarmente l'area di coltivazione, sterilizzare attrezzature e utensili e monitorare attentamente la presenza di segni di contaminazione sono pratiche fondamentali per garantire una produzione di champignon di alta qualità.

Una volta che i corpi fruttiferi iniziano a formarsi, è importante continuare a monitorare attentamente le condizioni ambientali e apportare eventuali regolazioni necessarie per garantire una crescita uniforme e sana. Questo può includere regolazioni della temperatura, dell'umidità e della ventilazione in risposta alle esigenze specifiche dei funghi durante le diverse fasi della loro crescita.

Infine, è importante essere pazienti durante il processo di fruttificazione, poiché può richiedere diverse settimane per ottenere una produzione significativa di champignon. Con cura e attenzione costanti, tuttavia, è possibile ottenere una raccolta abbondante e soddisfacente di questi deliziosi funghi commestibili.

7. Raccolta e Conservazione dei Corpi Fruttiferi di Champignon

La raccolta e la conservazione dei corpi fruttiferi di champignon richiedono una certa attenzione e delicatezza per preservare la freschezza e il sapore dei funghi appena raccolti. Una volta che i corpi fruttiferi sono pronti per essere raccolti, è fondamentale agire prontamente per evitare che diventino eccessivamente maturi o si degradino.

Prima di iniziare la raccolta, è importante assicurarsi che i corpi fruttiferi siano pronti per essere raccolti. Questo significa che devono essere cresciuti abbastanza da essere facilmente staccati dal substrato ma non così maturi da perdere la loro forma compatta e il loro colore brillante. I champignon ideali per la raccolta dovrebbero avere cappelli chiusi e compatti, con lamelle ben formate e steli solidi. È consigliabile raccogliere i funghi uno alla volta, facendo attenzione a non danneggiare i corpi fruttiferi rimanenti o disturbare il substrato circostante.

Durante la raccolta, è consigliabile utilizzare un coltello affilato o delle forbici per tagliare delicatamente il gambo dei funghi alla base. Evitare di strappare i corpi fruttiferi dal substrato, poiché questo potrebbe danneggiare il micelio sottostante e compromettere la produzione futura. Dopo il taglio, i champignon possono essere raccolti in un cesto o in un contenitore, evitando di sovrapporli o comprimerli per prevenire danni fisici.

Una volta raccolti, i champignon devono essere conservati correttamente per preservare la loro freschezza e il loro sapore. È consigliabile pulire delicatamente i funghi con un panno umido per rimuovere eventuali residui di substrato o detriti. Successivamente, i champignon possono essere conservati in un sacchetto di plastica o in un contenitore ermetico e posto nel frigorifero. È importante evitare di lavare i champignon prima della conservazione, poiché l'acqua in eccesso può accelerare il deterioramento.

I champignon possono essere conservati in frigorifero per diversi giorni, ma è meglio consumarli il prima possibile per garantire la massima freschezza e qualità. Se necessario, i champignon possono anche essere surgelati per conservarli più a lungo. Per farlo, è consigliabile affettare i funghi e disporli su un vassoio in modo che siano ben separati, quindi congelarli prima di trasferirli in sacchetti sigillati o contenitori per il congelatore.

In conclusione, una corretta raccolta e conservazione dei corpi fruttiferi di champignon è essenziale per garantire una produzione di funghi di alta qualità e per prolungare la loro freschezza. Seguendo le pratiche consigliate e utilizzando metodi adeguati, è possibile godere di champignon freschi e deliziosi per molto tempo dopo la raccolta.

8. Tecniche Avanzate per Ottimizzare il Processo di Coltivazione del Champignon

Le tecniche avanzate per ottimizzare il processo di coltivazione del champignon offrono agli agricoltori e agli appassionati di micologia opportunità di migliorare la resa, la qualità e l'efficienza della produzione fungina. Queste metodologie avanzate si basano sull'applicazione di principi scientifici e tecnologie innovative per massimizzare il successo della coltivazione. Tra le varie strategie avanzate, vi sono:

1. **Controllo dell'umidità:** Utilizzare sistemi automatizzati di controllo dell'umidità nell'ambiente di coltivazione può garantire condizioni ottimali per la crescita del micelio e la formazione dei corpi fruttiferi. Impiegare sensori e dispositivi per monitorare e regolare l'umidità relativa e assicurare che sia mantenuta costante durante tutto il ciclo di crescita dei funghi.

2. **Controllo della temperatura:** La temperatura è un fattore critico per la crescita dei funghi e influisce sulla velocità di colonizzazione del substrato e sulla formazione dei corpi fruttiferi. Utilizzare sistemi di riscaldamento e raffreddamento controllati per mantenere temperature ottimali all'interno delle strutture di coltivazione. Inoltre, l'utilizzo di termoregolatori e termometri di precisione consente di monitorare e regolare accuratamente la temperatura ambiente.

3. **Illuminazione artificiale:** L'illuminazione è importante per la fotosintesi e per indurre la fruttificazione dei funghi. L'utilizzo di lampade a LED a spettro completo o lampade fluorescenti consente di fornire una quantità adeguata di luce durante tutte le fasi di crescita dei funghi. Regolare la durata e l'intensità dell'illuminazione in base alle esigenze specifiche della specie di champignon coltivata può favorire una crescita vigorosa e una produzione abbondante.

4. **Utilizzo di substrati specializzati:** Esperimenti con substrati alternativi, come paglia, segatura, o composti organici ricchi di nutrienti, possono offrire nuove opportunità per migliorare la resa e la qualità del raccolto di champignon. Esplorare combinazioni di substrati e metodi di preparazione per creare un ambiente favorevole alla crescita del micelio e alla formazione dei corpi fruttiferi.

5. **Monitoraggio e gestione automatizzata:** L'adozione di sistemi di monitoraggio e gestione automatizzata, che utilizzano sensori, attuatori e software avanzati, consente di raccogliere dati in tempo reale sull'ambiente di coltivazione e di regolare automaticamente i parametri cruciali come umidità, temperatura e illuminazione. Questa approccio consente un controllo preciso e una gestione ottimale delle condizioni di crescita dei funghi, migliorando l'efficienza operativa e la produttività complessiva.

Sperimentare con queste tecniche avanzate può portare a miglioramenti significativi nella coltivazione del champignon, consentendo agli agricoltori di ottenere raccolti più abbondanti, di alta qualità e più uniformi. Tuttavia, è importante prestare attenzione alla sperimentazione graduale e documentare attentamente i risultati per determinare quali strategie funzionano meglio in un determinato contesto di coltivazione.

VIII. Cura e manutenzione dei champignon: umidità, temperatura e ventilazione

1. Importanza dell'Umidità per i Champignon: Strategie di Controllo e Monitoraggio

L'umidità è un fattore cruciale nella coltivazione dei champignon (Agaricus bisporus) e la sua corretta gestione è essenziale per garantire una crescita sana e abbondante. I champignon prosperano in un ambiente con un livello di umidità ottimale, poiché questo influisce direttamente sulla crescita del micelio e sulla formazione dei corpi fruttiferi. Durante le fasi iniziali della crescita, un'umidità elevata favorisce lo sviluppo vigoroso del micelio nel substrato, consentendo una colonizzazione rapida e uniforme. Tuttavia, mantenere un'umidità troppo elevata può anche aumentare il rischio di malattie fungine e muffe indesiderate. D'altra parte, un'umidità insufficiente può rallentare la crescita del micelio e portare alla formazione di corpi fruttiferi di dimensioni ridotte o deformi. Pertanto, è fondamentale adottare strategie efficaci per controllare e monitorare l'umidità nell'ambiente di coltivazione dei champignon.

Una delle tecniche più comuni per mantenere un'umidità ottimale è l'uso di sistemi di nebulizzazione o irrigazione a goccia. Questi sistemi consentono di fornire acqua direttamente al substrato o all'aria circostante in modo controllato, garantendo che l'umidità sia mantenuta al livello desiderato. È importante regolare accuratamente la frequenza e la durata dell'irrigazione in base alle esigenze specifiche dei champignon e alle condizioni ambientali. Inoltre, l'utilizzo di teli o coperture per ridurre l'evaporazione può aiutare a mantenere l'umidità all'interno dell'area di coltivazione.

Il monitoraggio dell'umidità è altrettanto importante quanto il controllo attivo. Gli agricoltori possono utilizzare igrometri o sensori di umidità per misurare regolarmente il livello di umidità nell'aria e nel substrato. Questi strumenti forniscono informazioni cruciali che consentono di apportare eventuali correzioni o regolazioni necessarie per mantenere l'ambiente di coltivazione ottimale per i champignon. Inoltre, è consigliabile monitorare attentamente la condensa e la formazione di acqua stagnante, poiché queste condizioni possono favorire la proliferazione di patogeni e malattie fungine.

Infine, è importante considerare anche altri fattori che influenzano l'umidità, come la ventilazione e la temperatura. Una buona ventilazione può aiutare a ridurre l'accumulo di umidità e a prevenire la formazione di condensa e muffe, mentre una temperatura adeguata contribuisce a mantenere un equilibrio ottimale tra evapotraspirazione e assorbimento di acqua da parte delle piante. In sintesi, la gestione efficace dell'umidità è un elemento chiave per il successo della coltivazione dei champignon e richiede un approccio attento e attento.

2. Ruolo Cruciale della Temperatura nella Coltivazione dei Champignon: Ottimizzazione e Regolazione

La temperatura è un altro fattore critico che influenza notevolmente la coltivazione dei champignon (Agaricus bisporus), poiché ha un impatto significativo su diversi aspetti del ciclo di crescita dei funghi. Ottimizzare e regolare la temperatura all'interno dell'ambiente di coltivazione è essenziale per garantire una crescita sana e robusta dei miceli e la formazione di corpi fruttiferi di qualità.

Durante le fasi iniziali della coltivazione, una temperatura adeguata favorisce la germinazione delle spore e lo sviluppo del micelio nel substrato. In genere, si consiglia una temperatura compresa tra i 20°C e i 25°C per promuovere una crescita ottimale del micelio. Tuttavia, è importante considerare le variazioni di temperatura tra le fasi di crescita dei miceli e la fase di fruttificazione. Durante la fase di incubazione e colonizzazione del substrato, una temperatura leggermente più elevata può accelerare il processo di colonizzazione del micelio, mentre durante la fase di fruttificazione, è consigliabile ridurre leggermente la temperatura per favorire lo sviluppo e la maturazione dei corpi fruttiferi.

Per mantenere la temperatura all'interno del range ottimale, possono essere utilizzati vari metodi di riscaldamento e raffreddamento. Tra i sistemi più comuni ci sono i termoriscaldatori, che consentono di regolare la temperatura all'interno dell'ambiente di coltivazione in base alle esigenze specifiche dei champignon. Inoltre, è possibile utilizzare sistemi di ventilazione e raffreddamento per mantenere una temperatura costante e evitare fluttuazioni indesiderate.

Il monitoraggio della temperatura è fondamentale per garantire un controllo preciso e una regolazione tempestiva. Gli agricoltori possono utilizzare termometri digitali o termocoppie per misurare la temperatura dell'aria e del substrato in diversi punti dell'area di coltivazione. È consigliabile effettuare regolari controlli e registrare i dati per identificare eventuali variazioni e apportare le correzioni necessarie.

Infine, è importante considerare anche il ruolo della temperatura durante il processo di conservazione dei corpi fruttiferi. Una temperatura troppo alta può accelerare il deterioramento dei funghi, mentre una temperatura troppo bassa può compromettere la loro qualità e freschezza. Pertanto, è consigliabile conservare i champignon a una temperatura compresa tra i 2°C e i 4°C per massimizzare la loro durata e qualità.

3. Ventilazione Adeguata per la Salute dei Champignon: Tecniche e Implicazioni

Una ventilazione adeguata è essenziale per garantire la salute e il benessere dei champignon durante il processo di coltivazione. La corretta circolazione dell'aria all'interno dell'ambiente di coltivazione contribuisce a mantenere livelli ottimali di umidità, temperatura e concentrazione di anidride carbonica, fondamentali per la crescita sana e vigorosa dei funghi.

Una delle tecniche più comuni per garantire una ventilazione efficace è l'utilizzo di sistemi di ventilazione meccanica, come ventilatori e aspiratori. Questi dispositivi sono posizionati strategicamente nell'area di coltivazione per favorire il movimento dell'aria e prevenire la formazione di zone morte o stagnanti. È importante regolare la velocità e la direzione del flusso d'aria in modo da evitare correnti troppo forti che potrebbero danneggiare i corpi fruttiferi o disturbare il processo di crescita dei funghi.

Oltre ai sistemi di ventilazione meccanica, è possibile utilizzare anche tecniche di ventilazione naturale, come finestre, porte e aperture, per favorire il ricambio d'aria all'interno dell'ambiente di coltivazione. Posizionare aperture di ventilazione strategicamente lungo le pareti dell'area di coltivazione può favorire l'ingresso di aria fresca e l'uscita di aria viziata, contribuendo così a mantenere un ambiente ottimale per la crescita dei champignon.

Tuttavia, è importante prestare attenzione alle implicazioni di una ventilazione eccessiva o insufficiente. Una ventilazione troppo intensa potrebbe causare un'eccessiva perdita di umidità, rendendo l'ambiente troppo secco per i champignon. D'altra parte, una ventilazione insufficiente potrebbe favorire la formazione di muffe e malattie fungine, compromettendo la salute e la resa del raccolto.

Per garantire una ventilazione adeguata, è consigliabile monitorare regolarmente la qualità dell'aria all'interno dell'ambiente di coltivazione e apportare eventuali correzioni o regolazioni necessarie. Misurare la temperatura, l'umidità e la concentrazione di anidride carbonica può fornire preziose informazioni sullo stato dell'ambiente e consentire di prendere decisioni informate per ottimizzare le condizioni di crescita dei champignon.

Inoltre, è importante mantenere puliti e ben mantenuti i sistemi di ventilazione per prevenire l'accumulo di polvere, sporco e microbi nocivi che potrebbero compromettere la salute dei funghi. Una manutenzione regolare dei dispositivi di ventilazione aiuta a garantire un flusso d'aria costante e pulito, fondamentale per una crescita sana e robusta dei champignon.

4. Gestione dell'Umidità nell'ambiente di Coltivazione dei Champignon: Suggerimenti Pratici

La gestione dell'umidità è un aspetto critico nella coltivazione dei champignon poiché influisce direttamente sulla crescita, sulla salute e sulla resa del raccolto. Mantenere un livello ottimale di umidità nell'ambiente di coltivazione è fondamentale per favorire lo sviluppo sano dei funghi e prevenire problemi legati all'eccesso o alla carenza di umidità.

Per controllare e gestire l'umidità, è importante adottare diverse strategie pratiche. Una delle prime cose da considerare è la scelta del substrato e del metodo di irrigazione. Utilizzare substrati adatti alla ritenzione dell'umidità, come compostaggio di paglia e letame, può contribuire a mantenere costante il livello di umidità nell'ambiente di coltivazione. Inoltre, è importante regolare con cura la frequenza e la quantità di irrigazione in base alle esigenze dei champignon e alle condizioni ambientali. Evitare l'eccesso di acqua che potrebbe causare ristagni e muffe, così come la carenza che potrebbe rallentare la crescita e compromettere la resa del raccolto.

Un'altra strategia per gestire l'umidità è l'utilizzo di sistemi di nebulizzazione o di umidificatori. Questi dispositivi consentono di mantenere un livello costante di umidità nell'aria, soprattutto in ambienti secchi o durante periodi di bassa umidità atmosferica. Posizionare gli umidificatori strategicamente nell'area di coltivazione può contribuire a garantire un ambiente ottimale per la crescita dei champignon.

Inoltre, è importante monitorare regolarmente i livelli di umidità nell'ambiente di coltivazione utilizzando strumenti come igrometri o termoigrometri. Questi strumenti forniscono informazioni in tempo reale sui livelli di umidità e consentono di apportare eventuali correzioni o regolazioni necessarie per mantenere condizioni ottimali per la crescita dei funghi.

Infine, è fondamentale prestare attenzione anche alla ventilazione dell'ambiente di coltivazione. Una ventilazione adeguata aiuta a ridurre l'accumulo di umidità e a prevenire la formazione di muffe e malattie fungine. Posizionare ventilatori o aperture di ventilazione lungo le pareti dell'area di coltivazione favorisce il ricambio d'aria e contribuisce a mantenere un ambiente salubre e equilibrato per i champignon.

Seguendo questi pratici suggerimenti e adottando le giuste tecniche di gestione dell'umidità, è possibile creare un ambiente ottimale per la coltivazione dei champignon, favorendo una crescita sana, robusta e una resa abbondante del raccolto.

5. Effetti della Temperatura sui Cicli Vitali dei Champignon: Approfondimenti e Considerazioni

La temperatura è un fattore cruciale che influisce sui cicli vitali dei champignon in tutte le fasi della loro crescita, dalla germinazione delle spore alla formazione dei corpi fruttiferi. Comprendere gli effetti della temperatura e saper gestire con precisione questo parametro è essenziale per ottenere una coltivazione di successo e massimizzare la resa del raccolto.

Durante la fase di germinazione delle spore, la temperatura svolge un ruolo determinante nel tempo di incubazione e nell'avvio del processo di colonizzazione del substrato da parte del micelio. Temperature troppo basse possono rallentare o addirittura arrestare la germinazione delle spore, mentre temperature troppo elevate possono compromettere la vitalità delle spore stesse. È importante mantenere una temperatura costante e ottimale per favorire una germinazione uniforme e una rapida colonizzazione del substrato.

Una volta che il micelio si è diffuso nel substrato e ha formato una rete intricata, la temperatura continua a influenzare la sua crescita e il suo sviluppo. Condizioni termiche ideali consentono al micelio di proliferare in modo vigoroso, formando una massa solida e densa che prepara il terreno per la formazione dei corpi fruttiferi. Temperature troppo alte possono provocare il surriscaldamento del substrato e danneggiare il micelio, mentre temperature troppo basse possono rallentare la crescita e influenzare negativamente la qualità e la quantità del raccolto.

Durante il processo di formazione dei corpi fruttiferi, la temperatura svolge un ruolo fondamentale nella regolazione del tasso di crescita e nello sviluppo delle strutture fungine. Condizioni termiche ottimali favoriscono una crescita uniforme e una maturazione tempestiva dei corpi fruttiferi, mentre variazioni eccessive di temperatura possono causare deformazioni, malformazioni o ritardi nella fruttificazione.

Per ottimizzare gli effetti della temperatura sui cicli vitali dei champignon, è importante adottare diverse strategie pratiche. Queste includono il monitoraggio regolare della temperatura dell'aria e del substrato utilizzando termometri e termoigrometri, la regolazione accurata dei sistemi di riscaldamento e raffreddamento dell'ambiente di coltivazione, e l'implementazione di misure preventive per proteggere i funghi dagli sbalzi termici e dagli stress ambientali.

Inoltre, è consigliabile prestare particolare attenzione alla gestione della temperatura durante le fasi critiche della coltivazione, come la germinazione delle spore, la colonizzazione del substrato e la formazione dei corpi fruttiferi. Facendo attenzione a mantenere condizioni termiche ottimali e fornendo un ambiente stabile e confortevole per i champignon, è possibile favorire una crescita sana, robusta e una produzione abbondante di frutti.

6. Ventilazione Efficace per Prevenire Problemi Fungini: Linee Guida e Pratiche Consigliate

Una ventilazione efficace è essenziale per mantenere un ambiente di coltivazione ottimale per i champignon e prevenire problemi fungini che potrebbero compromettere la salute e la produttività delle piante. La corretta circolazione dell'aria aiuta a ridurre l'accumulo di umidità e a favorire lo scambio di gas all'interno dell'ambiente di coltivazione, creando condizioni favorevoli per la crescita sana e vigorosa dei funghi.

Per garantire una ventilazione efficace, è importante adottare diverse linee guida e pratiche consigliate. In primo luogo, è fondamentale installare adeguati sistemi di ventilazione, come ventilatori e condizionatori d'aria, per promuovere un flusso d'aria costante e uniforme in tutto l'ambiente di coltivazione. Questi dispositivi possono essere posizionati strategicamente per massimizzare la distribuzione dell'aria e garantire una ventilazione ottimale in ogni parte della struttura.

Inoltre, è consigliabile utilizzare prese d'aria e aperture di ventilazione regolabili per controllare il flusso d'aria e garantire un adeguato ricambio dell'aria all'interno dell'ambiente di coltivazione. Queste aperture possono essere aperte o chiuse a seconda delle esigenze specifiche di ventilazione, consentendo di regolare efficacemente l'umidità e la temperatura all'interno della struttura.

Un'altra pratica importante è quella di evitare l'accumulo di umidità e condensa all'interno dell'ambiente di coltivazione. L'umidità eccessiva può favorire la crescita di muffe e funghi dannosi, mettendo a rischio la salute dei champignon. Pertanto, è consigliabile monitorare attentamente i livelli di umidità e adottare misure preventive, come l'uso di deumidificatori e la pulizia regolare delle superfici per ridurre l'umidità stagnante.

Infine, è importante prestare attenzione alla posizione e alla disposizione delle piante all'interno dell'ambiente di coltivazione. Assicurarsi che non vi siano ostacoli o blocchi che possano ostacolare il flusso d'aria e creare zone morte dove l'umidità può accumularsi. Inoltre, è consigliabile praticare la rotazione delle piante per garantire una ventilazione uniforme e prevenire la formazione di condizioni microclimatiche sfavorevoli.

Seguendo queste linee guida e pratiche consigliate per una ventilazione efficace, è possibile ridurre significativamente il rischio di problemi fungini e creare un ambiente di coltivazione ottimale per la crescita sana e robusta dei champignon.

7. Strategie per Mantenere l'Umidità Ottimale nei Coltivatori di Champignon: Consigli Avanzati

Mantenere l'umidità ottimale è fondamentale per la coltivazione di champignon, poiché questo fungo prospera in ambienti con un adeguato livello di umidità. Tuttavia, mantenere costantemente l'umidità al livello desiderato può essere una sfida, specialmente in ambienti soggetti a variazioni di temperatura e umidità. Pertanto, è essenziale adottare strategie efficaci per garantire che l'umidità rimanga stabile e ottimale per la crescita dei champignon.

Una delle strategie più efficaci per mantenere l'umidità ottimale è l'uso di sistemi di nebulizzazione e irrigazione automatizzati. Questi sistemi consentono di erogare acqua in modo controllato e regolare, garantendo che il substrato e l'ambiente circostante rimangano sempre ben idratati. Inoltre, l'uso di teli e coperture traspiranti può aiutare a trattenere l'umidità nell'ambiente di coltivazione, creando un microclima ideale per la crescita dei funghi.

Un'altra strategia importante è quella di monitorare regolarmente i livelli di umidità nell'ambiente di coltivazione utilizzando strumenti come igrometri e sensori di umidità. Questi dispositivi consentono di tenere sotto controllo l'umidità e di apportare eventuali regolazioni in base alle esigenze specifiche dei champignon. Inoltre, è consigliabile effettuare regolarmente la ventilazione dell'ambiente per prevenire l'accumulo di umidità e favorire lo scambio d'aria, aiutando così a mantenere un ambiente equilibrato e salubre per la crescita dei funghi.

Un'altra pratica importante è quella di controllare attentamente la qualità dell'acqua utilizzata per l'irrigazione e la nebulizzazione. L'acqua contaminata o ad alto contenuto di sali può influire negativamente sulla salute dei champignon e sulla qualità del raccolto. Pertanto, è consigliabile utilizzare acqua pulita e priva di contaminanti e, se necessario, trattare l'acqua con filtri o dispositivi di purificazione per garantire la sua idoneità all'uso.

Infine, è importante adottare misure preventive per evitare il rischio di eccessiva umidità e muffe. Questo può includere la pulizia regolare delle superfici, la rimozione dei residui organici e il controllo dell'areazione per garantire un flusso d'aria adeguato. Inoltre, è consigliabile praticare la rotazione delle colture e l'uso di substrati ben drenati per ridurre il rischio di ristagno d'acqua e muffe indesiderate.

Seguendo queste strategie avanzate per mantenere l'umidità ottimale nei coltivatori di champignon, è possibile garantire condizioni ideali per la crescita sana e vigorosa dei funghi e massimizzare il successo del raccolto.

8. Controllo della Temperatura per la Massima Produttività dei Champignon: Approcci Avanzati e Tecniche Specializzate

Per massimizzare la produttività dei champignon, è essenziale adottare approcci avanzati e tecniche specializzate per il controllo preciso della temperatura durante tutto il ciclo di crescita dei funghi. Una corretta gestione termica può influenzare significativamente la velocità di crescita, la qualità e la quantità del raccolto.

Prima di tutto, è importante comprendere le esigenze specifiche di temperatura dei champignon durante le diverse fasi di crescita. Ad esempio, durante la fase di colonizzazione del substrato, la temperatura ottimale può variare tra i 24°C e i 27°C, mentre durante la fruttificazione potrebbe essere preferibile mantenere una temperatura leggermente più bassa, intorno ai 18°C-21°C. Queste temperature possono variare leggermente a seconda della specie di champignon coltivata.

Per garantire un controllo preciso della temperatura, è consigliabile utilizzare strumenti specializzati come termometri digitali e termostati programmabili. Questi dispositivi consentono di monitorare costantemente la temperatura dell'ambiente di coltivazione e di regolarla in base alle esigenze specifiche dei champignon.

Inoltre, è possibile implementare tecniche avanzate di controllo della temperatura, come l'utilizzo di sistemi di riscaldamento o raffreddamento dell'ambiente, ventilatori per migliorare la circolazione dell'aria e isolamento termico per mantenere una temperatura costante e uniforme in tutto il luogo di coltivazione.

Durante le stagioni più calde o più fredde, potrebbe essere necessario adottare ulteriori precauzioni per mantenere la temperatura ottimale per i champignon. Ad esempio, durante i mesi estivi, è possibile utilizzare sistemi di raffreddamento come condizionatori d'aria o nebulizzatori per ridurre la temperatura ambiente, mentre durante i mesi invernali, è possibile utilizzare riscaldatori o stufe per mantenere una temperatura confortevole per la crescita dei funghi.

In conclusione, un controllo accurato della temperatura è fondamentale per massimizzare la produttività e la qualità dei champignon. Utilizzando approcci avanzati e tecniche specializzate, è possibile creare un ambiente ottimale per la crescita dei funghi e ottenere raccolti abbondanti e di alta qualità.

IX. Raccolta e conservazione dei champignon freschi

1. Metodi di raccolta dei champignon freschi

I metodi di raccolta dei champignon freschi possono variare a seconda delle preferenze personali e delle condizioni ambientali. Tuttavia, esistono alcune linee guida generali che possono essere seguite per garantire una raccolta efficiente e sicura. Innanzitutto, è importante essere in grado di riconoscere i champignon maturi e pronti per essere raccolti. Questi funghi di solito hanno un cappello pienamente sviluppato, che può variare in dimensioni e colore a seconda della varietà, e uno stelo robusto.

Per raccogliere i champignon, è consigliabile utilizzare un coltello a lama affilata o un cestino da funghi per evitare danni al micelio sottostante e per garantire una raccolta pulita. È importante tagliare il gambo del champignon vicino al suolo, lasciando intatto il micelio per permettere una possibile rigenerazione futura. Durante la raccolta, è fondamentale essere consapevoli dell'ambiente circostante e prestare attenzione ad altri funghi o piante velenose che potrebbero essere presenti.

Inoltre, è consigliabile raccogliere i champignon freschi al mattino presto o nel tardo pomeriggio, quando il terreno è umido e i funghi sono più idratati. Questo può facilitare la raccolta e ridurre il rischio di danni ai funghi stessi. Inoltre, evitare di raccogliere champignon in aree inquinate o vicino a strade trafficate, poiché potrebbero essere contaminati da sostanze nocive.

Una volta raccolti, i champignon freschi devono essere manipolati con cura e conservati correttamente per mantenere la loro freschezza e qualità. Questo può includere il trasferimento dei funghi in un contenitore ventilato e il mantenimento in un luogo fresco e buio fino al momento dell'uso. Seguendo questi metodi di raccolta, è possibile assicurarsi di ottenere champignon freschi e deliziosi per l'utilizzo in varie ricette culinarie.

2. Tempo e luogo ideali per la raccolta dei champignon

La raccolta dei champignon richiede attenzione al tempo e al luogo ideali per garantire una buona qualità e freschezza dei funghi raccolti. Idealmente, il momento migliore per raccogliere i champignon dipende dalle condizioni meteorologiche, dalla stagione e dalla varietà specifica di funghi. In generale, la primavera e l'autunno sono stagioni ottimali per la raccolta dei champignon, poiché le temperature più fresche e le piogge occasionali favoriscono la crescita dei funghi nel loro habitat naturale.

Quando si tratta del luogo ideale per la raccolta, i champignon possono essere trovati in una varietà di ambienti, tra cui prati, boschi, parchi e aree erbacee. Tuttavia, è importante fare attenzione a dove si sceglie di raccogliere i funghi, evitando aree trattate con pesticidi o altre sostanze chimiche potenzialmente dannose. Inoltre, è consigliabile raccogliere i champignon lontano da strade trafficate e altre fonti di inquinamento atmosferico.

Quando si decide il momento esatto per la raccolta, è utile tenere conto delle condizioni meteorologiche recenti. Dopo una pioggia abbondante o durante un periodo di umidità elevata, i champignon tendono a crescere più rapidamente e possono essere più facili da individuare. Tuttavia, è importante non aspettare troppo a lungo dopo una pioggia, poiché i funghi potrebbero deteriorarsi rapidamente se lasciati sulla pianta troppo a lungo.

Inoltre, la raccolta dei champignon può essere più efficace nelle prime ore del mattino o nel tardo pomeriggio, quando l'umidità relativa è più alta e i funghi sono più idratati. Questi periodi della giornata possono anche offrire temperature più fresche, il che può aiutare a preservare la freschezza dei champignon durante il trasporto e la conservazione.

3. Tecniche di conservazione dei champignon freschi

La conservazione dei champignon freschi è fondamentale per mantenere la loro qualità e freschezza per un periodo prolungato dopo la raccolta. Esistono diverse tecniche che possono essere utilizzate per conservare i champignon in modo ottimale e prolungare la loro durata di conservazione.

Una delle tecniche più comuni è la refrigerazione. Dopo la raccolta, i champignon devono essere accuratamente puliti per rimuovere eventuali residui di terra o detriti. Successivamente, possono essere conservati in sacchetti di plastica perforati o contenitori ermetici nella parte più fredda del frigorifero, di solito nella parte inferiore o nel cassetto delle verdure. È importante non lavare i champignon prima della refrigerazione, poiché l'umidità in eccesso può accelerare il deterioramento. I champignon possono essere conservati in frigorifero per diversi giorni, anche se è consigliabile consumarli il più presto possibile per garantire la massima freschezza.

Un'altra opzione per conservare i champignon freschi è l'essiccazione. Questo metodo comporta la rimozione dell'umidità dai funghi attraverso l'essiccazione, che può essere fatta in diversi modi, tra cui l'uso di un essiccatore alimentare o il semplice essiccazione all'aria. Dopo l'essiccazione, i champignon possono essere conservati in un luogo fresco, buio e asciutto in sacchetti o barattoli ermetici. Gli champignon essiccati possono essere riidratati prima dell'uso immergendoli in acqua calda per alcuni minuti.

Un'altra tecnica di conservazione è la congelazione. Prima della congelazione, i champignon devono essere puliti e affettati, se necessario. Possono essere congelati crudi o dopo una breve cottura, a seconda delle preferenze personali. È importante congelare i champignon in piccole porzioni per facilitare lo scongelamento e ridurre il rischio di deterioramento durante il processo.

Infine, i champignon possono essere sottoposti alla conservazione sott'olio o sott'aceto. Questo metodo prevede l'immersione dei champignon puliti e tagliati in olio d'oliva o aceto insieme a erbe aromatiche e spezie. I champignon sott'olio o sott'aceto devono essere conservati in barattoli sterilizzati e mantenuti in frigorifero. Questa tecnica non solo prolunga la durata di conservazione dei champignon, ma conferisce loro anche un sapore unico e delizioso.

4. Preparazione dei champignon freschi per la conservazione

La preparazione adeguata dei champignon freschi prima della conservazione è fondamentale per garantirne la qualità e la durata. Di seguito sono riportati i passaggi essenziali da seguire per preparare i champignon freschi per la conservazione:

- **Pulizia:** Iniziare eliminando eventuali residui di terra o detriti dalle cappelle e dai gambi dei champignon. Utilizzare un pennello morbido o un panno umido per pulire delicatamente la superficie dei funghi. Evitare di lavare i champignon sotto l'acqua corrente, poiché l'umidità in eccesso può accelerare il deterioramento.

- **Taglio:** Una volta puliti, tagliare eventuali porzioni danneggiate o marce dai champignon utilizzando un coltello affilato. Rimuovere anche le estremità dei gambi, se necessario.

- **Scelta del Metodo di Conservazione:** Decidere quale metodo di conservazione utilizzare in base alle esigenze e alle preferenze personali. I champignon freschi possono essere conservati in diversi modi, tra cui il congelamento, la essiccazione o la conservazione sott'olio.

- **Congelamento:** Se si sceglie il congelamento, disporre i champignon preparati su un vassoio rivestito di carta da forno in modo che non si tocchino. Congelare i champignon per diverse ore, quindi trasferirli in sacchetti per alimenti sigillabili. Rimuovere l'aria in eccesso e sigillare bene i sacchetti prima di riporli nel congelatore.

- **Essiccazione:** Per essiccare i champignon, tagliarli a fette sottili e disporli su un vassoio essiccante o su una griglia. Essiccare i champignon in un essiccatore a bassa temperatura fino a quando non diventano fragili e asciutti. Conservare gli champignon essiccati in barattoli ermetici al riparo dalla luce e dall'umidità.

- **Conservazione Sott'olio:** Se si preferisce conservare i champignon sott'olio, tagliarli a fette o a pezzi e metterli in un barattolo di vetro. Coprire completamente i champignon con olio d'oliva o altro olio vegetale e chiudere ermeticamente il barattolo. Conservare il barattolo in frigorifero e utilizzare i champignon entro poche settimane.

Seguendo questi semplici passaggi, è possibile preparare i champignon freschi per la conservazione in modo sicuro ed efficace, garantendo che siano pronti per essere utilizzati in una varietà di piatti deliziosi in qualsiasi momento.

5. Conservazione a breve termine dei champignon freschi

La conservazione a breve termine dei champignon freschi è fondamentale per mantenere la loro freschezza e qualità fino al momento del consumo. Sebbene i champignon siano noti per la loro breve durata, ci sono alcune strategie che è possibile adottare per prolungarne la freschezza per alcuni giorni. Ecco alcuni consigli pratici per conservare i champignon freschi a breve termine:

- **Refrigerazione:** Dopo aver raccolto o acquistato i champignon freschi, è importante refrigerarli immediatamente per rallentarne il deterioramento. Prima di riporli in frigorifero, è consigliabile pulire delicatamente i champignon con un panno umido per rimuovere eventuali residui di terra o sporco. Successivamente, i champignon possono essere riposti in sacchetti di plastica perforati o contenitori ermetici e posti nel cassetto inferiore del frigorifero, dove la temperatura è più fresca e costante.

- **Utilizzo di Sacchetti di Carta:** Un altro modo per conservare i champignon freschi in frigorifero è utilizzare sacchetti di carta anziché sacchetti di plastica. I sacchetti di carta consentono una migliore circolazione dell'aria intorno ai champignon, aiutando a prevenire la formazione di umidità e il deterioramento precoce. Basta riporre i champignon puliti e asciutti in un sacchetto di carta e richiudere delicatamente il sacchetto senza sigillarlo completamente.

- **Evitare il Lavaggio Eccessivo:** Quando si conservano i champignon freschi, è importante evitare il lavaggio eccessivo, poiché l'acqua in eccesso può accelerare il deterioramento. Invece di immergere i champignon in acqua, è preferibile pulirli delicatamente con un panno umido o una spazzola morbida per rimuovere lo sporco superficiale. Se necessario, i champignon possono essere sciacquati rapidamente sotto l'acqua corrente e asciugati con cura prima di essere conservati in frigorifero.
- **Monitoraggio Costante:** Durante il periodo di conservazione, è importante monitorare costantemente lo stato dei champignon freschi per individuare eventuali segni di deterioramento. Controllare regolarmente i champignon per assicurarsi che non ci siano macchie scure, muffe o odori sgradevoli, che possono indicare che i funghi sono diventati non commestibili.

Seguendo attentamente questi consigli, è possibile prolungare la freschezza dei champignon freschi per alcuni giorni, garantendo che siano pronti per essere utilizzati nei piatti culinari più gustosi e salutari.

6. Conservazione a lungo termine dei champignon freschi

La conservazione a lungo termine dei champignon freschi richiede un approccio più meticoloso e attento rispetto alla conservazione a breve termine. È fondamentale adottare le giuste tecniche e condizioni di conservazione per garantire che i champignon mantengano la loro freschezza e qualità per un periodo prolungato. Ecco alcune strategie pratiche per conservare i champignon freschi a lungo termine:

- **Essiccazione:** Una delle tecniche più comuni per conservare i champignon freschi a lungo termine è l'essiccazione. L'essiccazione dei champignon comporta la rimozione dell'umidità dai funghi, impedendo la crescita di batteri e muffe responsabili del deterioramento. Per essiccare i champignon, è possibile utilizzare un essiccatore alimentare o anche un forno a bassa temperatura. Tagliare i champignon a fette sottili e disporli su vassoi o griglie dell'essiccatore in modo che siano distanziati e l'aria possa circolare liberamente intorno ad essi. Lasciare essiccare i champignon fino a quando diventano secchi e croccanti. Una volta essiccati, i champignon possono essere conservati in barattoli di vetro o sacchetti sigillati in un luogo fresco e asciutto.

- **Congelamento:** Un'altra opzione per conservare i champignon freschi a lungo termine è il congelamento. Il congelamento dei champignon consente di bloccare il processo di deterioramento e di mantenere la loro freschezza per diversi mesi. Prima di congelare i champignon, è consigliabile lavarli e pulirli accuratamente, quindi tagliarli a fette o a pezzi secondo le preferenze. Disporre i champignon su un vassoio in modo che siano separati e congelarli per alcune ore fino a quando non sono solidi. Successivamente, trasferire i champignon congelati in sacchetti sigillati o contenitori ermetici e conservarli in freezer a temperature costanti. Quando si desidera utilizzare i champignon congelati, è possibile aggiungerli direttamente ai piatti senza scongelarli in anticipo.

- **Sott'olio:** Conservare i champignon freschi sott'olio è un'altra tecnica popolare per prolungarne la conservazione. Per preparare i champignon sott'olio, è necessario lavarli e tagliarli a fette, quindi cuocerli leggermente in padella con olio d'oliva e aromi desiderati come aglio, prezzemolo e peperoncino. Una volta cotti, i champignon possono essere disposti in barattoli di vetro sterilizzati e coperti con olio d'oliva extra vergine. Assicurarsi che i champignon siano completamente immersi nell'olio per prevenire la formazione di muffe e batteri. Conservare i barattoli sott'olio in frigorifero e consumare i champignon entro alcune settimane per garantire la freschezza e la sicurezza alimentare.

Adottando queste strategie di conservazione a lungo termine, è possibile godere dei champignon freschi anche dopo diversi mesi dalla raccolta o dall'acquisto, mantenendo intatti il loro sapore e le loro proprietà nutrizionali.

7. Suggerimenti per mantenere la freschezza dei champignon

Mantenere la freschezza dei champignon è essenziale per garantire la qualità e il sapore ottimali dei funghi. Anche dopo la raccolta o l'acquisto, è possibile adottare alcune pratiche e suggerimenti per preservare la freschezza dei champignon per un periodo più lungo. Ecco alcuni utili suggerimenti da tenere presente:

- **Lavaggio accurato:** Prima di conservare i champignon, è fondamentale lavarli accuratamente sotto acqua corrente fredda per rimuovere eventuali residui di terra o sporcizia. Evitare l'immersione prolungata dei champignon in acqua, poiché l'assorbimento di acqua in eccesso può accelerare il deterioramento.

- **Asciugatura completa:** Dopo il lavaggio, assicurarsi di asciugare completamente i champignon con un panno pulito o un tovagliolo di carta. L'umidità residua può favorire la crescita di muffe e batteri, quindi è importante eliminare qualsiasi traccia di umidità prima della conservazione.

- **Utilizzo di sacchetti perforati:** Quando si conservano i champignon nel frigorifero, è consigliabile riporli in sacchetti di plastica perforati o in contenitori con fori per consentire la circolazione dell'aria. Questo aiuta a prevenire la formazione di condensa e a mantenere i champignon freschi più a lungo.

- **Conservazione in frigorifero:** I champignon freschi dovrebbero essere conservati nel cassetto per le verdure del frigorifero, dove la temperatura è generalmente più fresca e costante. Evitare di conservare i champignon vicino a frutta o verdura che emette etilene, come mele e banane, poiché questo gas può accelerare il deterioramento dei funghi.

- **Utilizzo rapido:** I champignon sono più gustosi quando consumati freschi, quindi è consigliabile utilizzarli entro pochi giorni dalla raccolta o dall'acquisto. Se non è possibile utilizzarli tutti in breve tempo, è preferibile conservarli utilizzando le tecniche di conservazione descritte nei paragrafi precedenti.

- **Esame regolare:** Prima di utilizzare i champignon, esaminarli attentamente per verificare la presenza di segni di deterioramento come macchie scure, muffa o odori sgradevoli. Scartare eventuali champignon che sembrano alterati o compromessi per evitare rischi per la salute.

Seguendo questi suggerimenti pratici, è possibile prolungare la freschezza dei champignon e assicurarsi di godere sempre dei migliori sapori e aromi che questi deliziosi funghi hanno da offrire.

8. Utilizzi creativi dei champignon freschi

I champignon freschi sono un ingrediente versatile e gustoso che può essere utilizzato in una vasta gamma di piatti e preparazioni culinarie. Oltre ai classici utilizzi in zuppe, stufati e insalate, esistono molte altre possibilità creative per sfruttare al meglio il loro sapore unico e la consistenza carnosa. Ecco alcuni interessanti utilizzi creativi dei champignon freschi da prendere in considerazione:

- **Farciture innovative:** I champignon freschi possono essere utilizzati come base per farciture creative e deliziose. Ad esempio, è possibile farcirli con formaggio cremoso, erbe aromatiche, pancetta croccante o frutti di mare per creare antipasti gourmet o finger food irresistibili. Dopo la farcitura, i champignon possono essere cotti al forno o alla griglia per ottenere un piatto sfizioso e pieno di sapore.

- **Salse e condimenti:** Tritati finemente, i champignon freschi possono essere aggiunti a salse e condimenti per insaporire e arricchire i piatti. Ad esempio, è possibile preparare una salsa cremosa ai funghi da servire con pasta o carne, oppure utilizzare i champignon tritati come ingrediente principale per una salsa ragù saporita da accompagnare a polenta o gnocchi.

- **Ripieni per torte salate:** Tagliati a fette sottili o tritati, i champignon freschi possono essere utilizzati come ripieno per torte salate e quiche. Aggiunti a un composto di uova e latte insieme ad altri ingredienti come formaggio, cipolle e erbe aromatiche, i champignon aggiungono una nota di sapore terroso e una consistenza morbida e succulenta alle preparazioni.

- **Marinate e conservazioni:** I champignon freschi possono essere marinati in aceto, olio e aromi per creare deliziose conserve da gustare come antipasto o condimento per insalate e panini. Aggiungendo aglio, peperoncino, rosmarino e altre spezie, è possibile personalizzare le marinature per ottenere sapori unici e appaganti.

- **Insaccati e affettati vegetali:** Tagliati a fette sottili e marinati, i champignon freschi possono essere utilizzati come alternativa vegetale agli insaccati e agli affettati tradizionali. Con il giusto mix di spezie e aromi, i champignon possono essere trasformati in deliziosi "salumi" vegetali da gustare su panini, bruschette o piatti freddi.

- **Ricette internazionali:** Esplorando le cucine del mondo, è possibile scoprire ricette tradizionali che utilizzano i champignon freschi in modi sorprendenti e creativi. Ad esempio, i champignon sono un ingrediente fondamentale nella cucina francese per piatti come il pollo al marsala e il boeuf bourguignon, mentre in Asia vengono spesso utilizzati nei wok e nelle zuppe aromatiche.

Sperimentare con i champignon freschi in cucina è un'esperienza appagante e divertente che offre infinite possibilità di creare piatti gustosi e originali per stupire famiglia e amici.

X. Utilizzo dei champignon in cucina: ricette e consigli pratici

1. Zuppe e Minestre: Saporite Creazioni con Champignon

Le zuppe e le minestre rappresentano un punto di partenza ideale per sfruttare al meglio il gusto e la versatilità dei champignon in cucina.

Questi funghi aggiungono un sapore ricco e terroso a qualsiasi brodo o base di zuppa, creando piatti dal carattere robusto e avvolgente. La loro consistenza carnosa si presta perfettamente alla preparazione di zuppe cremose o minestre dense e piene di sapore.

Per preparare una zuppa classica ai champignon, inizia soffriggendo cipolle e aglio in olio d'oliva fino a renderli traslucidi e aromatici. Aggiungi quindi i champignon tagliati a fette e fai cuocere fino a quando non rilasciano i loro succhi e si riducono leggermente in volume. Questo passaggio permette ai funghi di sviluppare il loro caratteristico sapore e di amalgamarsi con gli altri ingredienti della zuppa.

A questo punto, puoi aggiungere il brodo di tua scelta: vegetale, di pollo o di carne, a seconda delle tue preferenze. Lascia bollire il tutto a fuoco medio-basso per permettere ai sapori di amalgamarsi e ai champignon di assorbire i gusti del brodo.

Puoi arricchire ulteriormente la zuppa con ingredienti come patate a dadini, carote a rondelle o porri affettati. Questi vegetali aggiungono consistenza e dolcezza alla zuppa, creando un piatto equilibrato e nutrienti.

Per un tocco di cremosità, aggiungi un po' di panna o latte di cocco verso la fine della cottura. Questo conferirà alla zuppa una consistenza vellutata e un sapore delicato e avvolgente.

Infine, completa con prezzemolo fresco tritato e una spruzzata di pepe nero macinato al momento. Questi aromi freschi e speziati aggiungono profondità e complessità alla zuppa, elevando il piatto a un livello superiore di gusto e soddisfazione culinaria.

2. Secondi Piatti Creativi: Champignon come Protagonisti

I champignon possono essere protagonisti irresistibili anche nei secondi piatti, grazie alla loro versatilità e al loro sapore unico.

Una delle preparazioni più amate è sicuramente il pollo ai funghi champignon. Per realizzarlo, inizia dorando pezzi di petto di pollo in una padella con un filo d'olio fino a quando non sono dorati e croccanti. Togli il pollo dalla padella e mettilo da parte.

Nella stessa padella, aggiungi un po' di burro e aglio tritato, lasciandoli rosolare leggermente. Poi, aggiungi i champignon affettati e fai cuocere finché non diventano dorati e morbidi. Questo permette ai funghi di sviluppare il loro sapore unico e di assorbire i gusti del burro e dell'aglio.

Una volta pronti, rimetti il pollo nella padella insieme ai champignon e aggiungi un po' di brodo di pollo. Lascia cuocere a fuoco lento per alcuni minuti, fino a quando il pollo non è completamente cotto e i sapori si sono amalgamati.

Puoi arricchire ulteriormente il piatto con erbe aromatiche fresche come timo, rosmarino o salvia, che conferiranno profondità e freschezza al sapore complessivo.

Per un'alternativa vegetariana, puoi preparare un risotto ai funghi champignon. Inizia facendo soffriggere cipolle e aglio in una pentola con un po' di burro o olio d'oliva. Aggiungi poi il riso e fallo tostare leggermente, prima di sfumare con il vino bianco.

Una volta evaporato l'alcol, inizia ad aggiungere il brodo vegetale a mestolate, mescolando di tanto in tanto fino a quando il riso non è cotto al dente. Durante gli ultimi minuti di cottura, aggiungi i champignon affettati e mescola bene per incorporarli nel risotto.

Una volta che il riso è cotto e i champignon sono morbidi, spegni il fuoco e manteca il risotto con burro e parmigiano grattugiato. Questo conferirà al piatto una consistenza cremosa e un sapore ricco e avvolgente.

Completa il piatto con una spruzzata di prezzemolo fresco tritato e una grattugiata di scorza di limone per un tocco di freschezza e vitalità. Servi il risotto caldo e preparati a ricevere complimenti per la sua bontà e raffinatezza.

3. Insalate Gourmet: Freschezza e Gusto con i Champignon

Le insalate gourmet rappresentano un'eccellente opportunità per esaltare la freschezza e il gusto dei champignon in modo leggero e raffinato.

Per preparare un'insalata gourmet con champignon, inizia selezionando i migliori ingredienti freschi disponibili. Oltre ai champignon freschi, avrai bisogno di una varietà di verdure croccanti, come lattuga, rucola, spinaci o radicchio, per creare una base croccante e colorata.

Dopo aver lavato e tagliato le verdure, passa ai champignon. Tagliali a fettine sottili e lasciali da parte mentre prepari una vinaigrette leggera e aromatica. Puoi mescolare olio extravergine di oliva, aceto balsamico, senape di Digione, aglio tritato, sale e pepe per creare una vinaigrette equilibrata e piena di gusto.

Una volta pronta la vinaigrette, aggiungila alle verdure tagliate e mescola bene per distribuire uniformemente il condimento. Aggiungi quindi le fettine di champignon e mescola delicatamente per evitare di schiacciarli.

Per arricchire ulteriormente l'insalata, puoi aggiungere ingredienti complementari come formaggio fresco a cubetti, noci tostate, semi di girasole o frutta fresca come fette di mela o pera. Questi ingredienti conferiranno ulteriore complessità di gusto e texture all'insalata, rendendola ancora più invitante e appagante.

Prima di servire, assicurati di assaggiare l'insalata per regolare il condimento secondo i tuoi gusti personali. Aggiungi eventualmente un pizzico di sale o pepe in base alle preferenze.

Servi l'insalata gourmet con champignon su piatti individuali o in una grande ciotola da condividere, guarnendo con foglie di basilico fresco o prezzemolo tritato per un tocco finale di freschezza e colore. Questa insalata sarà una delizia per il palato e un piatto accattivante da presentare durante pranzi e cene speciali.

4. Antipasti Originali: Champignon in Versione Finger Food

Gli antipasti originali rappresentano un modo creativo per presentare i champignon in una versione finger food che conquisterà i palati di tutti i commensali.

Per preparare degli antipasti originali con champignon, puoi iniziare selezionando champignon di dimensioni uniformi e pulendoli accuratamente con un panno umido per rimuovere eventuali residui di terra. Dopodiché, rimuovi con delicatezza il gambo da ogni champignon per creare una base piatta.

Una volta preparati i champignon, puoi farcire la cavità al centro di ognuno con una varietà di ingredienti gustosi. Ad esempio, puoi riempirli con formaggio cremoso come formaggio di capra o formaggio spalmabile aromatizzato con erbe fresche o spezie. Oppure, puoi farcirli con una miscela di ricotta, spinaci e parmigiano grattugiato per un tocco di sapore extra.

Dopo aver farcito i champignon, puoi arricchirli ulteriormente con topping croccanti come pangrattato dorato, noci tritate o semi di sesamo per aggiungere un contrasto di consistenza e un tocco di croccantezza.

Una volta farciti e decorati, disponi i champignon su una teglia rivestita con carta da forno e cuocili in forno preriscaldato a 180°C per circa 15-20 minuti, o finché il formaggio non sarà fuso e dorato e i champignon saranno teneri.

Una volta cotti, gli antipasti originali con champignon possono essere serviti caldi direttamente dalla teglia o trasferiti su un piatto da portata per una presentazione più elegante. Guarnisci con erbe fresche tritate o una leggera spruzzata di aceto balsamico ridotto per un tocco finale di freschezza e gusto.

Questi antipasti originali con champignon saranno un successo garantito durante feste, aperitivi o cene informali, e saranno apprezzati da tutti per la loro bontà e originalità.

5. Dolci Sorprendenti: L'inatteso Utilizzo dei Champignon nella Pasticceria

L'inclusione dei champignon nella pasticceria può sembrare un'idea insolita, ma i loro sapori delicati e la consistenza tenera possono aggiungere un tocco sorprendente e delizioso ai dolci più classici.

Una delle tecniche più innovative per utilizzare i champignon nella pasticceria è quella di trasformarli in un ingrediente segreto per arricchire la consistenza e il sapore di torte, dolci al cucchiaio e dessert cremosi. Per farlo, i champignon vengono tritati finemente e aggiunti direttamente all'impasto o alla crema, apportando una morbidezza extra e un sapore leggermente terroso che si fonde armoniosamente con gli altri ingredienti.

Ad esempio, i champignon tritati possono essere incorporati nell'impasto di una torta al cioccolato per renderla incredibilmente umida e vellutata, oppure aggiunti a una cheesecake per dare una consistenza setosa e un sapore unico. Inoltre, possono essere utilizzati per preparare creme dolci per farcire cannoli, eclairs o profiteroles, creando un equilibrio perfetto tra dolcezza e freschezza.

Oltre a essere utilizzati negli impasti e nelle creme, i champignon possono anche essere trasformati in una deliziosa marmellata che può essere spalmata su crostate, biscotti o utilizzata come ripieno per dolci al forno. Per prepararla, i champignon vengono cotti lentamente con zucchero e succo di limone fino a ottenere una consistenza densa e cremosa, che regala un tocco sorprendente e irresistibile ai dessert.

Inoltre, i champignon possono essere canditi o marinati e utilizzati come guarnizione decorativa per dolci, aggiungendo un tocco di eleganza e originalità alla presentazione finale.

In conclusione, l'inatteso utilizzo dei champignon nella pasticceria offre infinite possibilità creative per preparare dolci sorprendenti che conquisteranno i palati di chiunque li assaggi. Sperimenta con coraggio e lasciati ispirare dalla versatilità di questo straordinario ingrediente per creare dessert indimenticabili e apprezzati da tutti.

XI. Coltivazione dei funghi Pleurotus (fungo orecchio di giuda)

1. Selezione del substrato per la coltivazione dei funghi Pleurotus

La selezione del substrato è un passo cruciale nella coltivazione dei funghi Pleurotus, comunemente conosciuti come funghi orecchio di giuda. Il substrato fornisce il nutrimento essenziale per il micelio dei funghi durante il processo di crescita e fruttificazione.

Scegliere il substrato giusto può influenzare significativamente il rendimento e la qualità dei funghi raccolti. Esistono diverse opzioni di substrato tra cui scegliere, ognuna con le proprie caratteristiche e requisiti.

Tra le opzioni più comuni vi sono i substrati a base di cereali, come il grano o l'avena, che offrono una buona fonte di nutrienti per il micelio. Altri substrati popolari includono i trucioli di legno, la segatura, il fieno, la paglia e anche i sottoprodotti agricoli come i residui della canna da zucchero o delle olive.

Ognuno di questi substrati ha le proprie peculiarità in termini di composizione nutrizionale, disponibilità, costo e facilità di preparazione. È importante valutare attentamente le caratteristiche di ciascun substrato e scegliere quello più adatto alle proprie esigenze e risorse.

Ad esempio, i substrati a base di cereali sono spesso preferiti per la loro disponibilità e facilità di lavorazione, mentre i substrati a base di legno possono richiedere un processo di preparazione più lungo ma offrono una maggiore durata nel tempo.

La scelta del substrato può essere influenzata anche da fattori come il clima locale, le risorse disponibili e le preferenze personali del coltivatore. Inoltre, è importante considerare eventuali trattamenti pregressi del substrato, come la sterilizzazione o la pasteurizzazione, per garantire un ambiente ottimale per la crescita dei funghi Pleurotus e prevenire la contaminazione da agenti patogeni indesiderati.

Prima di procedere con la selezione del substrato, è consigliabile effettuare ricerche approfondite e consultare esperti del settore per ottenere consigli specifici in base alle proprie circostanze e obiettivi di coltivazione.

La scelta del substrato giusto è fondamentale per il successo della coltivazione dei funghi Pleurotus e può fare la differenza tra un raccolto abbondante e di alta qualità e un risultato deludente. Pertanto, è importante dedicare tempo e attenzione a questo importante passo iniziale.

2. Preparazione del substrato ottimale per i funghi Pleurotus

La preparazione del substrato ottimale per i funghi Pleurotus è un passo cruciale che richiede cura e attenzione per garantire condizioni favorevoli alla crescita sana e vigorosa dei funghi.

Per ottenere un substrato di alta qualità, è importante seguire una serie di passaggi chiave. Innanzitutto, è necessario raccogliere tutti gli ingredienti necessari e assicurarsi di avere un ambiente pulito e igienizzato per evitare la contaminazione da agenti esterni.

Una volta raccolti gli ingredienti, il primo passo è la preparazione del substrato base, che può variare a seconda del tipo di materiale utilizzato. Ad esempio, se si utilizzano cereali come grano o avena, è necessario lavarli e risciacquarli accuratamente per rimuovere eventuali impurità e residui di pesticidi.

Successivamente, il substrato base deve essere trattato termicamente attraverso processi come la sterilizzazione o la pasteurizzazione per eliminare eventuali agenti patogeni e competitori indesiderati che potrebbero compromettere la crescita dei funghi Pleurotus.

Una volta trattato termicamente, il substrato base può essere arricchito con nutrienti aggiuntivi per aumentare la sua capacità di supportare la crescita dei funghi. Questo può includere l'aggiunta di fonti di azoto come il letame di pollame o il compost di fungo, nonché altre fonti di nutrienti come farina di mais, farina di soia o farina di pesce.

Dopo aver arricchito il substrato base, è importante miscelarlo accuratamente per garantire una distribuzione uniforme dei nutrienti e creare un ambiente favorevole alla colonizzazione del micelio dei funghi Pleurotus.

Una volta completata la preparazione del substrato, è importante controllare regolarmente l'umidità e la temperatura durante il processo di incubazione per garantire condizioni ottimali per la crescita dei funghi. Monitorare attentamente il substrato e apportare eventuali correzioni o aggiustamenti secondo necessità.

Seguire attentamente questi passaggi durante la preparazione del substrato può fare la differenza tra una coltivazione di successo e un risultato deludente. Dedica tempo e attenzione alla preparazione del substrato per massimizzare le tue possibilità di ottenere un raccolto abbondante e di alta qualità di funghi Pleurotus.

3. Inoculazione del substrato con le spore di Pleurotus

L'inoculazione del substrato con le spore di Pleurotus è un passaggio critico nel processo di coltivazione dei funghi, in quanto costituisce il punto di partenza per l'avvio della crescita del micelio e la successiva formazione dei corpi fruttiferi. Per garantire una colonizzazione efficace del substrato e massimizzare il rendimento della coltivazione, è fondamentale seguire una serie di procedure precise e tecniche corrette.

In primo luogo, è importante ottenere spore di Pleurotus di alta qualità da una fonte affidabile o da un fornitore specializzato. Le spore dovrebbero essere fresche, pulite e prive di contaminanti per garantire una colonizzazione sana e vigorosa del substrato. Prima dell'inoculazione, è consigliabile preparare un substrato sterile per ridurre al minimo il rischio di contaminazione da parte di agenti patogeni esterni.

Una volta ottenute le spore di Pleurotus e preparato il substrato, è possibile procedere con l'inoculazione. Questo può essere fatto utilizzando diverse tecniche, tra cui la dispersione delle spore direttamente sul substrato o l'utilizzo di micelio liquido o granulare. Indipendentemente dalla tecnica scelta, è importante distribuire uniformemente le spore su tutto il substrato per garantire una colonizzazione omogenea e completa.

Dopo l'inoculazione, è essenziale mantenere il substrato in condizioni ottimali di umidità e temperatura per favorire la germinazione delle spore e la crescita del micelio. Monitorare regolarmente il substrato per controllare la progressione della colonizzazione e apportare eventuali correzioni o aggiustamenti secondo necessità.

Durante il processo di colonizzazione, è fondamentale proteggere il substrato da contaminazioni esterne mantenendo un ambiente pulito e sterile intorno all'area di coltivazione. Utilizzare tecniche appropriate di igiene e sterilizzazione per ridurre al minimo il rischio di contaminazione da parte di agenti patogeni e competitori indesiderati.

Seguire attentamente queste procedure durante l'inoculazione del substrato con le spore di Pleurotus può contribuire a garantire una coltivazione di successo e un raccolto abbondante di funghi di alta qualità. Dedica tempo e attenzione a questo importante passaggio per massimizzare le tue possibilità di successo nella coltivazione dei funghi Pleurotus.

4. Monitoraggio della crescita del micelio di Pleurotus nel substrato

Il monitoraggio della crescita del micelio di Pleurotus nel substrato è un aspetto cruciale del processo di coltivazione dei funghi, in quanto fornisce informazioni preziose sulla salute e sulla vitalità del micelio, nonché sull'efficacia del substrato stesso. Per garantire una crescita ottimale e un raccolto di successo, è importante prestare attenzione ai seguenti aspetti durante il monitoraggio del micelio:

1. **Osservazione visiva:** Una delle tecniche più semplici e immediate per monitorare la crescita del micelio è l'osservazione visiva. Durante le fasi iniziali della coltivazione, è possibile notare la formazione di sottili filamenti bianchi, indicativi della colonizzazione del substrato da parte del micelio. Man mano che il micelio si espande e cresce, la sua presenza diventa sempre più evidente, trasformando gradualmente il substrato in una rete intricata di filamenti bianchi.

2. **Controllo dell'umidità:** Il monitoraggio regolare dell'umidità del substrato è essenziale per garantire un ambiente ottimale per la crescita del micelio. Un substrato troppo secco può rallentare o bloccare completamente la crescita del micelio, mentre un'eccessiva umidità può favorire lo sviluppo di muffe e altre contaminazioni. Utilizzare strumenti come igrometri o sondaggi visivi per valutare l'umidità del substrato e apportare eventuali aggiustamenti secondo necessità.

3. **Temperatura:** La temperatura è un altro fattore critico da monitorare durante la crescita del micelio. I funghi Pleurotus prosperano in un intervallo di temperatura specifico, generalmente compreso tra i 18°C e i 24°C. Monitorare costantemente la temperatura dell'ambiente di coltivazione e del substrato per garantire che rimanga all'interno di questo intervallo ottimale.

4. **Segni di contaminazione:** Durante il monitoraggio della crescita del micelio, è importante prestare attenzione a eventuali segni di contaminazione da parte di agenti patogeni o competitori indesiderati. Sintomi come cambiamenti di colore, odori sgradevoli o la presenza di muffe possono indicare la presenza di contaminazioni che possono compromettere la salute del micelio e ridurre il rendimento della coltivazione.

5. **Regolarità e costanza:** Infine, è fondamentale mantenere una pratica regolare di monitoraggio della crescita del micelio, controllando il substrato e l'ambiente di coltivazione su base giornaliera o settimanale, a seconda delle esigenze. La costanza nel monitoraggio consente di individuare tempestivamente eventuali problemi o anomalie e di intervenire prontamente per correggerli.

In definitiva, un monitoraggio attento e diligente della crescita del micelio di Pleurotus nel substrato è essenziale per garantire una coltivazione di successo e un raccolto abbondante di funghi di alta qualità.

5. Gestione delle condizioni ambientali durante la coltivazione dei funghi Pleurotus

La gestione delle condizioni ambientali durante la coltivazione dei funghi Pleurotus è un elemento fondamentale per garantire una crescita sana e vigorosa del micelio e per massimizzare il rendimento del raccolto. Le condizioni ambientali ottimali influenzano direttamente lo sviluppo e la produttività dei funghi, pertanto è essenziale prestare particolare attenzione a diversi fattori chiave:

1. **Temperatura:** La temperatura è uno dei fattori più critici da gestire durante la coltivazione dei funghi Pleurotus. Questi funghi prosperano meglio in un intervallo di temperatura compreso tra i 18°C e i 24°C. Mantenere una temperatura costante e controllata nell'ambiente di coltivazione è essenziale per favorire una crescita ottimale del micelio e per evitare stress termico che potrebbe compromettere il raccolto.

2. **Umidità:** L'umidità è un altro elemento cruciale da gestire con cura. I funghi Pleurotus richiedono un'umidità elevata per crescere e svilupparsi correttamente. È importante mantenere l'umidità relativa dell'ambiente di coltivazione intorno al 90-95%. Questo può essere ottenuto attraverso l'uso di sistemi di nebulizzazione, vaporizzazione o copertura del substrato con materiali umidi come carta giornale o sacchetti di plastica.

3. **Luce:** Anche se i funghi Pleurotus non richiedono luce diretta per crescere, è importante fornire un ciclo di luce appropriato durante la fase di fruttificazione. Una luce indiretta o diffusa può essere sufficiente per stimolare il processo di fruttificazione e favorire una crescita uniforme dei corpi fruttiferi. Inoltre, una corretta esposizione alla luce può contribuire a prevenire l'allungamento eccessivo dei gambo dei funghi.

4. **Ventilazione:** Una buona ventilazione dell'ambiente di coltivazione è essenziale per garantire un adeguato scambio di aria e per prevenire la formazione di umidità eccessiva, che potrebbe favorire la proliferazione di muffe e batteri. Utilizzare ventilatori per mantenere un flusso d'aria costante e regolare all'interno dell'area di coltivazione.

5. **Controllo dell'inquinamento:** È importante prestare attenzione alla qualità dell'aria e all'eventuale presenza di agenti contaminanti nell'ambiente di coltivazione. Mantenere l'area pulita e priva di polvere, spore di muffe e altre particelle sospese può contribuire a prevenire la contaminazione del substrato e dei funghi stessi.

6. **Monitoraggio costante:** Infine, è fondamentale monitorare costantemente le condizioni ambientali durante tutto il processo di coltivazione. Utilizzare strumenti come termometri, igrometri e misuratori di CO_2 per valutare regolarmente temperatura, umidità e altri parametri ambientali e apportare eventuali correzioni o aggiustamenti secondo necessità.

In sintesi, una gestione attenta e diligente delle condizioni ambientali durante la coltivazione dei funghi Pleurotus è fondamentale per garantire un raccolto di successo e la produzione di funghi di alta qualità.

6. Induzione della fruttificazione dei funghi Pleurotus

L'induzione della fruttificazione dei funghi Pleurotus è un momento cruciale nel processo di coltivazione, in quanto segna il passaggio dalla fase di crescita vegetativa del micelio alla produzione dei corpi fruttiferi, noti anche come orecchioni. Per ottenere una fruttificazione abbondante e di alta qualità, è necessario seguire una serie di passaggi e tecniche specifiche:

1. **Scelta del substrato:** La scelta del substrato giusto è fondamentale per garantire una fruttificazione ottimale dei funghi Pleurotus. È possibile utilizzare substrati composti da materiali come paglia, segatura, fieno, mais o una combinazione di essi. È importante che il substrato sia ben strutturato, privo di contaminanti e possieda una corretta composizione nutritiva per sostenere la crescita dei corpi fruttiferi.

2. **Preparazione del substrato:** Prima di inoculare il substrato con le spore di Pleurotus, è necessario prepararlo adeguatamente. Questo può includere operazioni come la pasteurizzazione o la sterilizzazione del substrato per eliminare eventuali agenti patogeni e concimare il substrato con nutrienti essenziali per favorire la crescita dei funghi.

3. **Inoculazione:** Una volta che il substrato è pronto, si procede con l'inoculazione del micelio di Pleurotus. Questo può essere fatto utilizzando spawn colonizzato con il micelio del fungo, che viene distribuito uniformemente nel substrato. È importante garantire una distribuzione omogenea del micelio nel substrato per favorire una fruttificazione uniforme.

4. **Condizioni ambientali:** Durante la fase di fruttificazione, è essenziale fornire al fungo condizioni ambientali ottimali. Questo include mantenere una temperatura tra i 18°C e i 24°C, un'umidità relativa intorno al 90-95% e una buona ventilazione per garantire un adeguato scambio di aria.

5. **Illuminazione:** Anche se i funghi Pleurotus non richiedono luce diretta per la crescita, una corretta esposizione alla luce può influenzare positivamente la fruttificazione. Una luce diffusa o indiretta può essere fornita per stimolare il processo di fruttificazione e favorire una crescita uniforme dei corpi fruttiferi.

6. **Monitoraggio e cura:** Durante la fase di fruttificazione, è importante monitorare attentamente lo sviluppo dei corpi fruttiferi e intervenire tempestivamente in caso di problemi come la formazione di muffe o l'insorgenza di malattie. Mantenere l'ambiente pulito e privo di contaminanti è essenziale per garantire un raccolto di alta qualità.

Seguendo attentamente questi passaggi e adottando le pratiche colturali appropriate, è possibile indurre con successo la fruttificazione dei funghi Pleurotus e ottenere un raccolto abbondante e di alta qualità.

7. Raccolta e conservazione dei corpi fruttiferi di Pleurotus

La raccolta e la conservazione dei corpi fruttiferi di Pleurotus richiedono cura e attenzione per garantire la freschezza e la qualità dei funghi. Ecco alcuni consigli pratici per effettuare questa operazione in modo efficace:

1. **Momento della raccolta:** I funghi Pleurotus sono pronti per essere raccolti quando i cappelli sono completamente sviluppati e ancora chiusi, ma prima che le lamelle inizino a maturare e a diffondere le spore. In genere, questo avviene circa 5-7 giorni dopo l'inizio della fruttificazione. È importante raccogliere i funghi appena prima che i cappelli si aprano completamente per evitare che le spore si disperdano nell'ambiente.

2. **Tecnica di raccolta:** Per raccogliere i funghi Pleurotus, è consigliabile utilizzare un coltello affilato per tagliare delicatamente i corpi fruttiferi alla base del gambo. È importante evitare di strappare i funghi dal substrato per prevenire danni al micelio sottostante e garantire una ricrescita futura.

3. **Conservazione immediata:** Dopo il raccolto, i funghi Pleurotus devono essere conservati immediatamente per mantenere la freschezza e la qualità. È consigliabile metterli in un cestino o in una ciotola e coprirli con un panno umido per mantenere l'umidità e prevenire l'essiccazione.

4. **Refrigerazione:** Se non si prevede di utilizzare i funghi Pleurotus immediatamente, è possibile conservarli in frigorifero. È consigliabile avvolgerli in un panno umido o metterli in un contenitore ermetico per proteggerli dall'essiccazione. I funghi possono essere conservati in frigorifero per un massimo di 5-7 giorni senza perdere troppa freschezza.

5. **Congelamento:** Se si desidera conservare i funghi Pleurotus per un periodo più lungo, è possibile congelarli. Prima di congelare, è consigliabile sbollentarli per alcuni minuti per eliminare eventuali batteri superficiali e preservare meglio il loro sapore e la consistenza. Una volta sbollentati, i funghi possono essere congelati in sacchetti ermetici per alimenti e conservati in freezer per diversi mesi.

6. **Essiccazione:** Un'altra opzione per conservare i funghi Pleurotus è l'essiccazione. È possibile essiccare i funghi in un essiccatore o in forno a bassa temperatura fino a quando diventano secchi e croccanti. Una volta essiccati, i funghi possono essere conservati in contenitori ermetici e utilizzati per aggiungere sapore a zuppe, stufati e altri piatti.

Seguendo queste pratiche di raccolta e conservazione, è possibile godere dei deliziosi funghi Pleurotus anche dopo la stagione di crescita.

8. Tecniche avanzate per ottimizzare la coltivazione dei funghi Pleurotus

Per ottimizzare la coltivazione dei funghi Pleurotus e massimizzare la resa e la qualità del raccolto, è possibile adottare alcune tecniche avanzate che tengono conto di vari fattori ambientali e di gestione. Ecco alcune strategie avanzate per migliorare la coltivazione dei funghi Pleurotus:

1. **Controllo delle condizioni ambientali:** Mantenere costanti le condizioni di temperatura, umidità e ventilazione è fondamentale per favorire una crescita ottimale dei funghi Pleurotus. È possibile utilizzare strumenti di monitoraggio automatico e sistemi di controllo ambientale per regolare e ottimizzare questi parametri in modo continuo.

2. **Ottimizzazione del substrato:** Sperimentare con diverse formulazioni di substrato può aiutare a identificare quelle che favoriscono una crescita più rapida e vigorosa dei funghi Pleurotus. L'aggiunta di nutrienti supplementari, come farina di mais o di soia, può arricchire il substrato e migliorare la resa del raccolto.

3. **Inoculazione avanzata:** Utilizzare tecniche avanzate di inoculazione, come l'impregnazione del substrato con micelio colonizzato o l'inoculazione diretta dei trucioli di legno, può accelerare il processo di colonizzazione del substrato da parte dei funghi Pleurotus e ridurre il rischio di contaminazione da parte di altri microrganismi.

4. **Gestione del micelio:** Monitorare attentamente la crescita del micelio nel substrato e intervenire prontamente in caso di segni di contaminazione o problemi di crescita. È possibile stimolare la crescita del micelio attraverso pratiche di incubazione ottimali, come mantenere una temperatura costante e adeguata umidità.

5. **Rotazione dei raccolti:** Praticare la rotazione dei raccolti può contribuire a prevenire l'accumulo di patogeni nel substrato e mantenere la salute del micelio nel lungo periodo. Alternare l'uso di diverse fonti di substrato e luoghi di coltivazione può ridurre il rischio di malattie e migliorare la resa complessiva del raccolto.

6. **Utilizzo di microrganismi benefici:** Introdurre microrganismi benefici nel substrato può favorire una maggiore resistenza dei funghi Pleurotus alle malattie e migliorare la qualità del raccolto. Ad esempio, l'aggiunta di microrganismi come i batteri del genere Bacillus può promuovere la crescita delle piante e aumentare la produzione di funghi.

Applicando queste tecniche avanzate, è possibile ottimizzare la coltivazione dei funghi Pleurotus e ottenere raccolti più abbondanti e di alta qualità.

XII. Propagazione e coltivazione dei funghi Pleurotus su substrato

1. Selezione del substrato ideale per i funghi Pleurotus

La selezione del substrato è un passaggio cruciale nella coltivazione dei funghi Pleurotus, poiché il substrato fornisce i nutrienti essenziali per la crescita e lo sviluppo ottimale dei miceli. Diversi tipi di substrati possono essere utilizzati, ognuno con le proprie caratteristiche e proprietà specifiche. La scelta del substrato dipende da vari fattori, tra cui la disponibilità locale, la praticità, e la preferenza personale del coltivatore.

Uno dei substrati più comuni e efficaci per i funghi Pleurotus è il substrato a base di paglia. La paglia offre una superficie porosa e aerata che favorisce la crescita del micelio e l'assorbimento dei nutrienti. È importante utilizzare paglia di alta qualità, priva di impurità e trattamenti chimici che potrebbero compromettere la salute dei funghi.

Oltre alla paglia, altri substrati vegetali possono essere utilizzati con successo, come segatura di legno, fieno, bucce di cereali, e scarti agricoli. Ogni tipo di substrato ha le proprie caratteristiche uniche e può influenzare la crescita e la resa dei funghi Pleurotus. Ad esempio, la segatura di legno è ricca di cellulosa e lignina, che forniscono nutrimento per i miceli e favoriscono una crescita vigorosa.

Alcuni coltivatori preferiscono utilizzare substrati composti, che sono una miscela di materiali organici come paglia, segatura, letame e altri composti naturali. Questi substrati composti offrono una maggiore diversità di nutrienti e favoriscono una crescita più equilibrata e robusta dei funghi.

Indipendentemente dal substrato scelto, è fondamentale prepararlo correttamente prima dell'inoculazione delle spore o del micelio. La preparazione del substrato può includere sterilizzazione o pasteurizzazione per eliminare eventuali agenti patogeni che potrebbero competere con i funghi per i nutrienti. Inoltre, il substrato dovrebbe essere umidificato adeguatamente per favorire la colonizzazione da parte dei miceli e la crescita sana dei corpi fruttiferi.

La selezione del substrato ideale richiede quindi una valutazione attenta delle caratteristiche specifiche di ogni tipo di substrato e delle esigenze dei funghi Pleurotus. Un substrato di alta qualità e ben preparato è essenziale per garantire una coltivazione di successo e una generosa produzione di funghi commestibili.

2. Preparazione ottimale del substrato per la coltivazione

La preparazione ottimale del substrato per la coltivazione dei funghi Pleurotus è un passaggio critico che influisce direttamente sulla crescita e sul rendimento dei miceli. Prima di inoculare il substrato con le spore o il micelio del fungo, è fondamentale prepararlo adeguatamente per garantire condizioni ottimali di crescita. Ci sono diversi passaggi da seguire per preparare il substrato in modo efficace e massimizzare il successo della coltivazione.

1. **Selezione dei materiali:** Il primo passo consiste nella selezione dei materiali necessari per il substrato. Come menzionato nel paragrafo precedente, la paglia, la segatura di legno, il fieno e altri composti vegetali sono opzioni comuni. È importante utilizzare materiali di alta qualità, privi di contaminanti e trattamenti chimici che potrebbero danneggiare i funghi.

2. **Pre-trattamento del substrato:** Prima di inoculare il substrato, è consigliabile eseguire un trattamento preliminare per eliminare eventuali contaminanti e patogeni. La sterilizzazione e la pasteurizzazione sono due metodi comuni utilizzati per questo scopo. La sterilizzazione coinvolge l'uso di calore umido o secco per eliminare tutti i microrganismi presenti nel substrato, mentre la pasteurizzazione comporta il riscaldamento del substrato a temperature inferiori per uccidere solo i microrganismi dannosi, preservando i microrganismi benefici.

3. **Umidificazione del substrato:** Dopo il trattamento termico, il substrato deve essere adeguatamente umidificato per favorire la colonizzazione da parte dei miceli di Pleurotus. L'umidità è essenziale per attivare il metabolismo dei funghi e consentire una crescita sana e robusta. L'umidificazione può essere ottenuta attraverso l'aggiunta di acqua al substrato e la sua miscelazione fino a raggiungere un'umidità ottimale.

4. **Maturazione del substrato:** Dopo l'umidificazione, è consigliabile consentire al substrato di maturare per un certo periodo di tempo prima dell'inoculazione. Questo periodo consente ai nutrienti di stabilizzarsi e alle eventuali reazioni chimiche residue di completarsi, creando un ambiente favorevole alla crescita dei funghi.

5. **Controllo della temperatura e dell'umidità:** Durante tutto il processo di preparazione del substrato, è importante mantenere sotto controllo la temperatura e l'umidità dell'ambiente. Temperature troppo elevate possono danneggiare i miceli, mentre un'umidità insufficiente può ostacolare la crescita. Utilizzare strumenti come termometri e igrometri per monitorare attentamente queste variabili e regolarle di conseguenza.

Seguendo attentamente questi passaggi durante la preparazione del substrato, i coltivatori possono creare un ambiente ottimale per la crescita dei funghi Pleurotus e massimizzare il rendimento della loro coltivazione.

3. Inoculazione del substrato con spore di Pleurotus

L'inoculazione del substrato con le spore di Pleurotus è un passaggio cruciale nel processo di coltivazione dei funghi, in quanto segna l'inizio della colonizzazione del substrato da parte del micelio del fungo. Questo processo richiede attenzione e precisione per garantire una colonizzazione uniforme e una crescita vigorosa dei funghi. Di seguito sono descritti i passaggi dettagliati per condurre con successo l'inoculazione del substrato:

1. **Preparazione delle spore:** Prima di procedere con l'inoculazione, è necessario preparare le spore di Pleurotus. Le spore possono essere ottenute da corpi fruttiferi maturi del fungo o acquistate da fornitori specializzati. È importante assicurarsi che le spore siano fresche e di alta qualità per massimizzare il tasso di germinazione e la successiva crescita del micelio.

2. **Sterilizzazione degli strumenti:** Prima di manipolare le spore, è essenziale sterilizzare tutti gli strumenti e i materiali utilizzati per evitare contaminazioni. Gli strumenti possono essere sterilizzati utilizzando calore secco o umido, oppure soluzioni disinfettanti appropriate.

3. **Preparazione del substrato:** Il substrato precedentemente preparato deve essere pronto per l'inoculazione. Assicurarsi che il substrato sia raffreddato dopo il trattamento termico e che sia alla temperatura ottimale per l'inoculazione, generalmente intorno ai 25-30°C.

4. **Inoculazione delle spore:** Utilizzando uno strumento sterilizzato, come un ago inoculatore o un contagocce, prelevare una piccola quantità di spore e distribuirle uniformemente sulla superficie del substrato. È importante evitare sovrapposizioni e concentrarsi sulla distribuzione uniforme delle spore su tutta la superficie.

5. **Incorporazione delle spore nel substrato:** Dopo aver distribuito le spore sulla superficie del substrato, è possibile incorporarle nel substrato stesso. Questo può essere fatto delicatamente mescolando il substrato con un utensile sterilizzato per garantire che le spore siano distribuite in modo uniforme e penetrino nel substrato.

6. **Incubazione:** Dopo l'inoculazione, il substrato deve essere trasferito in un'area di incubazione con le condizioni ambientali appropriate per la germinazione delle spore e la crescita del micelio. Mantenere una temperatura costante e un'umidità elevata per favorire una rapida colonizzazione del substrato.

Seguendo attentamente questi passaggi, i coltivatori possono inoculare con successo il substrato con le spore di Pleurotus e avviare il processo di crescita dei funghi in modo efficace.

4. Monitoraggio della crescita del micelio nel substrato

Il monitoraggio della crescita del micelio nel substrato è un aspetto fondamentale della coltivazione dei funghi Pleurotus, poiché fornisce informazioni cruciali sullo stato e sull'efficacia del processo di colonizzazione. Un monitoraggio accurato consente ai coltivatori di valutare la salute e la vitalità del micelio e di apportare eventuali correzioni o ottimizzazioni necessarie per massimizzare la resa dei corpi fruttiferi. Di seguito sono descritte le tecniche e le considerazioni pratiche per il monitoraggio efficace della crescita del micelio:

1. **Osservazione visiva:** Il metodo più immediato per monitorare la crescita del micelio è l'osservazione visiva del substrato. I coltivatori possono controllare regolarmente il substrato per individuare segni di colonizzazione, come la formazione di un sottile strato di micelio bianco o la presenza di chiazze più scure che indicano un avanzamento della colonizzazione.

2. **Controllo dell'umidità:** Poiché l'umidità è fondamentale per la crescita del micelio, il monitoraggio dell'umidità del substrato è essenziale. I coltivatori possono utilizzare strumenti come igrometri o termoigrometri per misurare l'umidità relativa e assicurarsi che sia mantenuta nei livelli ottimali per favorire la crescita del micelio, generalmente intorno al 70-80%.

3. **Esame del colore e della consistenza del micelio:** Durante il monitoraggio, è importante osservare il colore e la consistenza del micelio. Un micelio sano dovrebbe essere bianco, compatto e filamentoso. La presenza di qualsiasi cambiamento di colore o di muffe indesiderate potrebbe indicare problemi di contaminazione o di salute del substrato.

4. **Controllo della temperatura:** La temperatura è un altro fattore critico che influenza la crescita del micelio. Utilizzando termometri, i coltivatori possono monitorare costantemente la temperatura del substrato e dell'ambiente circostante per assicurarsi che rimanga nei range ottimali per la crescita del micelio, generalmente tra i 20°C e i 25°C.

5. **Esame dei tempi di colonizzazione:** Tenere traccia dei tempi di colonizzazione del substrato può fornire indicazioni preziose sulla salute e sull'efficienza del processo. I coltivatori possono confrontare i tempi di colonizzazione con le previsioni o le esperienze passate per valutare la velocità e l'efficacia della crescita del micelio.

In conclusione, un monitoraggio attento e regolare della crescita del micelio nel substrato è essenziale per garantire una coltivazione di successo dei funghi Pleurotus. Prestando attenzione ai dettagli e utilizzando le tecniche appropriate, i coltivatori possono massimizzare la produzione di corpi fruttiferi di alta qualità.

5. Gestione delle condizioni ambientali durante la coltivazione

La gestione accurata delle condizioni ambientali durante la coltivazione dei funghi Pleurotus è essenziale per garantire una crescita ottimale del micelio e una produzione abbondante di corpi fruttiferi di alta qualità. Una serie di fattori ambientali, tra cui temperatura, umidità, ventilazione e illuminazione, influenzano direttamente il successo della coltivazione. Di seguito sono fornite linee guida dettagliate per la gestione efficace di queste condizioni:

1. **Temperatura:** La temperatura è uno dei fattori ambientali più critici da monitorare e gestire durante la coltivazione dei funghi Pleurotus. Idealmente, la temperatura dovrebbe essere mantenuta tra i 20°C e i 25°C durante il periodo di colonizzazione del substrato e leggermente inferiore, intorno ai 15-20°C, durante la fase di fruttificazione. L'uso di termometri accurati è fondamentale per monitorare e regolare la temperatura dell'ambiente di coltivazione.

2. **Umidità:** L'umidità relativa dell'aria è un altro fattore chiave che influenza la crescita e lo sviluppo dei funghi Pleurotus. Durante la fase di colonizzazione del substrato, l'umidità dovrebbe essere mantenuta intorno al 70-80%, mentre durante la fruttificazione, è consigliabile ridurla leggermente, mantenendola intorno al 85-90%. L'utilizzo di umidificatori e igrometri può aiutare a mantenere livelli ottimali di umidità.

3. **Ventilazione:** Una corretta ventilazione dell'ambiente di coltivazione è essenziale per garantire un adeguato scambio di aria e prevenire la formazione di muffe indesiderate. I coltivatori possono utilizzare ventilatori per migliorare la circolazione dell'aria e evitare la stagnazione, assicurandosi che l'ambiente sia sempre ben ventilato senza creare correnti d'aria dirette sui substrati o sui corpi fruttiferi in crescita.

4. **Illuminazione:** Sebbene i funghi Pleurotus non richiedano luce diretta per la crescita, è importante fornire un'illuminazione indiretta sufficiente durante la fase di fruttificazione per promuovere lo sviluppo dei corpi fruttiferi. L'utilizzo di luci a LED a basso consumo energetico è consigliato per evitare un riscaldamento eccessivo dell'ambiente di coltivazione.

5. **Controllo delle contaminazioni:** Infine, è fondamentale mantenere un ambiente di coltivazione pulito e sterile per prevenire contaminazioni microbiologiche indesiderate che potrebbero compromettere la salute e la resa dei funghi Pleurotus. Assicurarsi di sterilizzare attrezzature, substrati e ambienti di coltivazione è un passo cruciale nella gestione delle condizioni ambientali.

In sintesi, una gestione attenta e accurata delle condizioni ambientali durante la coltivazione dei funghi Pleurotus è essenziale per garantire una produzione di successo e di alta qualità. Monitorando e regolando attentamente temperatura, umidità, ventilazione e illuminazione, i coltivatori possono massimizzare la resa e ottenere risultati soddisfacenti.

6. Induzione della fruttificazione dei funghi Pleurotus

L'induzione della fruttificazione dei funghi Pleurotus è un passaggio cruciale nella coltivazione di questi deliziosi funghi commestibili. Durante questa fase, il micelio colonizza completamente il substrato e inizia a formare i primi corpi fruttiferi, noti anche come orecchie di giuda. Ecco alcuni passaggi pratici per indurre con successo la fruttificazione dei funghi Pleurotus:

1. **Condizioni ambientali ottimali:** Prima di tutto, è fondamentale assicurarsi che le condizioni ambientali siano favorevoli per la formazione dei corpi fruttiferi. Questo include una temperatura intorno ai 15-20°C, un'umidità elevata intorno al 85-90% e una buona ventilazione per evitare l'accumulo di anidride carbonica.

2. **Umido shock:** Una tecnica comune per indurre la fruttificazione dei funghi Pleurotus è l'utilizzo di uno "shock umido". Questo può essere ottenuto spruzzando abbondante acqua sul substrato o immergendo brevemente il substrato in acqua per alcune ore. Questo improvviso aumento dell'umidità simula le condizioni tipiche della stagione delle piogge, stimolando i funghi a iniziare il processo di fruttificazione.

3. **Fessurazione del substrato:** Per favorire l'emersione dei corpi fruttiferi, è possibile praticare alcune fessure superficiali nel substrato colonizzato dal micelio. Questo permette ai funghi di emergere più facilmente e di svilupparsi in modo più uniforme.

4. **Regolazione dell'illuminazione:** Anche se i funghi Pleurotus non richiedono luce diretta per crescere, è importante fornire un'illuminazione indiretta durante la fase di fruttificazione. La luce può essere regolata utilizzando lampade a bassa intensità o posizionando il substrato in un'area ben illuminata ma non direttamente esposta alla luce solare.

5. **Controllo dell'umidità:** Durante la fase di fruttificazione, è importante mantenere un'adeguata umidità intorno ai corpi fruttiferi emergenti. Questo può essere fatto spruzzando acqua sulle orecchie di giuda o utilizzando appositi sistemi di irrigazione a goccia per mantenere il substrato costantemente umido.

6. **Monitoraggio e cura:** Infine, è essenziale monitorare attentamente il processo di fruttificazione e intervenire tempestivamente in caso di problemi. Questo include il controllo della presenza di muffe o altri segni di contaminazione, nonché la rimozione di corpi fruttiferi danneggiati o malformati per favorire la crescita di quelli sani.

Seguendo attentamente questi passaggi e fornendo le condizioni ambientali ottimali, è possibile indurre con successo la fruttificazione dei funghi Pleurotus e ottenere una generosa raccolta di orecchie di giuda fresche e gustose.

7. Raccolta e conservazione dei corpi fruttiferi di Pleurotus

La raccolta e la corretta conservazione dei corpi fruttiferi di Pleurotus sono cruciali per garantire la freschezza e la qualità dei funghi una volta raccolti. Ecco alcuni consigli pratici per eseguire queste operazioni in modo ottimale:

1. **Momento della raccolta:** I corpi fruttiferi di Pleurotus sono pronti per la raccolta quando raggiungono le dimensioni desiderate e mostrano una forma compatta e carnosa. È importante raccoglierli prima che i cappelli si aprano troppo e le lamelle inizino a maturare e a liberare spore.

2. **Utilizzo di un coltello affilato:** Per raccogliere i corpi fruttiferi, è consigliabile utilizzare un coltello affilato per tagliarli delicatamente alla base del gambo. Evitare di strappare i funghi poiché questo potrebbe danneggiare il micelio e compromettere la produzione futura.

3. **Maneggiamento delicato:** Durante la raccolta e la manipolazione, trattare i funghi con delicatezza per evitare ammaccature o danni alla superficie. I funghi Pleurotus sono delicati e possono facilmente subire danni se maneggiati in modo brusco.

4. **Pulizia dei funghi:** Dopo la raccolta, è consigliabile pulire delicatamente i funghi per rimuovere eventuali residui di terriccio o detriti. Utilizzare un pennello morbido o un panno umido per pulire i cappelli e i gambi senza danneggiarli.

5. **Conservazione in frigorifero:** I corpi fruttiferi di Pleurotus possono essere conservati in frigorifero per prolungarne la freschezza. Posizionarli in un sacchetto di plastica perforato o in un contenitore ermetico e conservarli nel reparto meno freddo del frigorifero, preferibilmente intorno ai 4°C.

6. **Consumo rapido:** I funghi Pleurotus sono migliori quando consumati freschi, quindi è consigliabile consumarli entro pochi giorni dalla raccolta per apprezzarne al meglio il sapore e la consistenza.

7. **Congelamento:** Se si desidera conservare i funghi per un periodo più lungo, è possibile congelarli. Tagliare i corpi fruttiferi a fette o pezzetti e disporli su un vassoio da surgelazione. Una volta congelati, trasferirli in sacchetti o contenitori per alimenti sigillati e conservarli nel congelatore per un massimo di sei mesi.

8. **Essiccazione:** Un'altra opzione per conservare i funghi Pleurotus è essiccarli. Tagliare i funghi a fette sottili e disporli su un vassoio da essiccazione o su una griglia. Essiccare i funghi in un essiccatore a una temperatura bassa fino a quando diventano croccanti. Conservarli in contenitori ermetici e utilizzarli come condimento o aggiunta a piatti cucinati.

Seguendo questi consigli, è possibile garantire una raccolta e una conservazione ottimali dei corpi fruttiferi di Pleurotus, permettendo di gustare i deliziosi funghi in diverse preparazioni culinarie.

8. Tecniche avanzate per ottimizzare la coltivazione

Per ottimizzare la coltivazione dei funghi Pleurotus e massimizzare la resa del raccolto, è possibile adottare alcune tecniche avanzate e pratiche di gestione. Ecco alcuni approcci che possono essere utilizzati per migliorare la produzione di funghi Pleurotus:

1. **Controllo della temperatura:** La temperatura è un fattore chiave per la crescita dei funghi Pleurotus. Mantenere una temperatura costante tra i 20°C e i 25°C durante la fase di incubazione favorisce una rapida colonizzazione del substrato da parte del micelio. Durante la fruttificazione, abbassare leggermente la temperatura a circa 15-20°C può stimolare una maggiore produzione di corpi fruttiferi.

2. **Monitoraggio dell'umidità:** Assicurarsi che il substrato sia mantenuto ad un'umidità ottimale è fondamentale per la crescita sana dei funghi Pleurotus. Utilizzare un umidificatore o nebulizzatore per mantenere un'umidità relativa tra il 70% e l'80% durante tutto il ciclo di crescita.

3. **Fertilizzazione del substrato:** Aggiungere fertilizzanti naturali al substrato può arricchirlo di nutrienti essenziali per favorire la crescita dei funghi Pleurotus. Ad esempio, l'aggiunta di letame ben decomposto o di compost ricco di nutrienti può migliorare la qualità e la resa del raccolto.

4. **Aerazione del substrato:** Assicurarsi che il substrato sia ben aerato può favorire lo sviluppo del micelio e prevenire il proliferare di funghi nocivi. Utilizzare substrati porosi e praticare regolarmente la miscelazione e l'aerazione del substrato durante il processo di coltivazione.

5. **Utilizzo di luce diffusa:** Anche se i funghi Pleurotus non richiedono luce per la crescita, esporre il substrato a una luce diffusa può influenzare positivamente la formazione dei corpi fruttiferi. Utilizzare lampade fluorescenti o LED a bassa intensità per simulare un ambiente luminoso e favorire una crescita uniforme dei funghi.

6. **Controllo delle malattie e dei parassiti:** Monitorare attentamente il substrato e i corpi fruttiferi per individuare segni di malattie o attacchi da parte di parassiti. In caso di infestazioni, intervenire tempestivamente utilizzando prodotti naturali o biologici per proteggere la coltura senza compromettere la qualità dei funghi.

7. **Rotazione delle colture:** Praticare la rotazione delle colture può contribuire a prevenire la contaminazione e la stanchezza del substrato. Dopo ogni ciclo di coltivazione, rimuovere completamente il substrato esaurito e sostituirlo con un nuovo substrato fresco per garantire condizioni ottimali per il successivo ciclo di coltivazione.

8. **Ottimizzazione delle condizioni di conservazione:** Una volta raccolti, conservare i corpi fruttiferi dei funghi Pleurotus in condizioni ottimali di temperatura e umidità può prolungarne la freschezza e la durata. Utilizzare sacchetti o contenitori perforati per consentire la circolazione dell'aria e evitare la formazione di condensa, che potrebbe favorire lo sviluppo di muffe indesiderate.

Adottando queste tecniche avanzate e pratiche di gestione, è possibile ottimizzare la coltivazione dei funghi Pleurotus e ottenere raccolti abbondanti e di alta qualità.

XIII. Cure e manutenzione dei funghi Pleurotus: gestione dell'umidità e della temperatura

1. Regolazione dell'umidità nell'ambiente di coltivazione

La regolazione dell'umidità nell'ambiente di coltivazione è fondamentale per garantire una crescita sana e robusta dei funghi Pleurotus. Gli ambienti troppo umidi possono favorire lo sviluppo di muffe e batteri nocivi, mentre un'umidità insufficiente può compromettere la crescita e la fruttificazione dei funghi. Pertanto, è essenziale mantenere un equilibrio ottimale dell'umidità per massimizzare la resa e la qualità del raccolto.

Per regolare l'umidità, è importante prendere in considerazione diversi fattori, tra cui la ventilazione, la gestione dell'irrigazione e l'utilizzo di dispositivi di controllo dell'umidità. Una corretta ventilazione dell'ambiente di coltivazione aiuta a ridurre l'accumulo di umidità e a prevenire la formazione di condensa sulle pareti e sul substrato. Ciò può essere ottenuto mediante l'utilizzo di ventilatori o aperture regolabili che consentono il flusso d'aria all'interno della struttura di coltivazione.

Inoltre, la gestione dell'irrigazione è cruciale per mantenere un livello ottimale di umidità nel substrato. Un'irrigazione eccessiva può portare a ristagni d'acqua che favoriscono la proliferazione di funghi patogeni, mentre un'irrigazione insufficiente può causare disidratazione delle colonie di Pleurotus. Si consiglia quindi di monitorare attentamente l'umidità del substrato e di irrigare solo quando necessario, evitando di lasciare pozzanghere d'acqua sul terreno.

Infine, l'uso di dispositivi di controllo dell'umidità, come umidificatori e deumidificatori, può essere utile per mantenere un ambiente stabile e controllato. Gli umidificatori possono essere impiegati per aumentare l'umidità quando necessario, mentre i deumidificatori sono utili per ridurla in caso di eccesso. È importante monitorare costantemente i livelli di umidità e regolare di conseguenza l'attività di questi dispositivi per garantire condizioni ottimali di crescita per i funghi Pleurotus.

In sintesi, una corretta regolazione dell'umidità nell'ambiente di coltivazione è essenziale per favorire una crescita sana e produttiva dei funghi Pleurotus. Ventilazione adeguata, gestione oculata dell'irrigazione e utilizzo di dispositivi di controllo dell'umidità sono pratiche fondamentali per mantenere condizioni ottimali di coltivazione e massimizzare il successo del raccolto.

2. Ottimizzazione della temperatura per la crescita dei Pleurotus

L'ottimizzazione della temperatura è un aspetto cruciale per favorire la crescita sana e vigorosa dei funghi Pleurotus. Questi microrganismi sono sensibili alle variazioni di temperatura e richiedono condizioni specifiche per svilupparsi pienamente e produrre un raccolto abbondante. Per garantire il successo della coltivazione, è fondamentale mantenere una temperatura costante e controllata all'interno dell'ambiente di coltivazione.

Idealmente, la temperatura ottimale per la crescita dei funghi Pleurotus si situa tra i 18°C e i 24°C. Questo intervallo termico fornisce un ambiente confortevole per lo sviluppo delle colonie di micelio e favorisce una crescita vigorosa dei corpi fruttiferi. Temperature inferiori a 18°C possono rallentare il processo di crescita e portare a una produzione più lenta dei funghi, mentre temperature superiori a 24°C possono compromettere la qualità del raccolto e aumentare il rischio di malattie fungine.

Per mantenere una temperatura ottimale, è importante adottare diverse strategie di controllo termico. L'isolamento adeguato dell'ambiente di coltivazione può contribuire a mantenere una temperatura costante e a proteggere i funghi dalle variazioni esterne. Inoltre, l'utilizzo di sistemi di riscaldamento e di raffreddamento può aiutare a regolare la temperatura in base alle esigenze specifiche dei Pleurotus.

È anche consigliabile monitorare attentamente la temperatura all'interno dell'ambiente di coltivazione utilizzando termometri o strumenti di controllo digitale. Questo permette di identificare eventuali variazioni e di intervenire tempestivamente per correggere eventuali discrepanze. Inoltre, è importante mantenere una corretta ventilazione dell'ambiente per evitare accumuli di calore e garantire una distribuzione uniforme della temperatura.

In sintesi, l'ottimizzazione della temperatura è fondamentale per garantire una crescita sana e produttiva dei funghi Pleurotus. Mantenere una temperatura costante e controllata, tra i 18°C e i 24°C, e adottare strategie di controllo termico adeguate sono pratiche essenziali per massimizzare il successo della coltivazione e ottenere un raccolto di alta qualità.

3. Monitoraggio costante dell'umidità del substrato

Il monitoraggio costante dell'umidità del substrato è un aspetto fondamentale nella coltivazione dei funghi Pleurotus, poiché l'umidità gioca un ruolo cruciale nella crescita e nello sviluppo sano dei miceli. Mantenere un adeguato livello di umidità è essenziale per garantire la formazione e la maturazione ottimale dei corpi fruttiferi, nonché per prevenire problemi come la disidratazione del substrato o la proliferazione di agenti patogeni.

Per monitorare l'umidità del substrato in modo accurato, è consigliabile utilizzare strumenti specifici come igrometri o sensori di umidità. Questi dispositivi consentono di misurare con precisione il contenuto di acqua nel substrato e di regolare di conseguenza le operazioni di irrigazione.

Durante il ciclo di crescita dei funghi Pleurotus, è importante mantenere un livello di umidità del substrato compreso tra il 60% e il 70%. Questo range offre un ambiente ottimale per la crescita dei miceli e per lo sviluppo dei corpi fruttiferi. Tuttavia, è importante evitare eccessi di umidità, che potrebbero favorire la proliferazione di muffe e batteri dannosi per la salute dei funghi.

Per mantenere un'adeguata umidità del substrato, è consigliabile adottare diverse strategie di gestione, tra cui l'irrigazione regolare e controllata. È importante fornire acqua al substrato in modo uniforme, evitando sia l'asciugatura eccessiva che il ristagno idrico. Inoltre, è possibile utilizzare tecniche di copertura del substrato con materiali come la paglia o il fieno, che aiutano a trattenere l'umidità e a mantenere un ambiente più stabile.

Il monitoraggio costante dell'umidità del substrato richiede attenzione e dedizione da parte dell'agricoltore, ma è un passo essenziale per garantire una coltivazione di successo dei funghi Pleurotus. Mantenere un equilibrio ottimale tra umidità e substrato favorisce una crescita sana e vigorosa dei miceli, nonché una produzione abbondante e di alta qualità dei corpi fruttiferi.

4. Tecniche avanzate per gestire l'umidità

Nella gestione avanzata dell'umidità per la coltivazione dei funghi Pleurotus, è fondamentale adottare tecniche mirate che consentano di mantenere un ambiente ottimale per la crescita dei miceli e la formazione dei corpi fruttiferi. Queste tecniche, se correttamente applicate, possono contribuire significativamente a massimizzare la resa e la qualità della produzione fungina.

Una delle tecniche più efficaci per gestire l'umidità è l'impiego di sistemi di irrigazione automatizzati. Questi sistemi consentono di fornire acqua al substrato in modo preciso e controllato, garantendo un'umidità costante e uniforme nel tempo. Gli irrigatori a goccia o a nebulizzazione sono particolarmente adatti per questa finalità, in quanto permettono di distribuire l'acqua direttamente sul substrato senza bagnare eccessivamente la superficie.

Oltre all'irrigazione, è possibile utilizzare tecniche di copertura del substrato per mantenere l'umidità. La copertura con materiali organici come la paglia, il fieno o la segatura può contribuire a trattenere l'umidità nel substrato, riducendo al contempo l'evaporazione eccessiva. Questo metodo è particolarmente utile nelle fasi iniziali della coltivazione, quando il substrato è più suscettibile alla disidratazione.

Un'altra tecnica avanzata per gestire l'umidità è l'utilizzo di sistemi di controllo ambientale automatizzati. Questi sistemi integrano sensori di umidità e temperature con dispositivi di controllo, consentendo di regolare automaticamente l'irrigazione e la ventilazione dell'ambiente di coltivazione in base alle condizioni rilevate. Questo approccio permette di mantenere un ambiente ottimale per i funghi Pleurotus in modo continuativo, riducendo al minimo il rischio di stress idrico o termico.

Infine, è importante adottare pratiche di gestione del substrato che favoriscano la ritenzione dell'umidità. Queste includono l'aggiunta di materiali organici composti come il letame o la torba, che possono migliorare la capacità di ritenzione idrica del substrato. Inoltre, è possibile incorporare agenti idroretentivi come l'argilla espansa o i polimeri idrogel per aumentare ulteriormente la capacità di ritenzione idrica del substrato.

In sintesi, l'adozione di tecniche avanzate per gestire l'umidità è essenziale per ottenere una coltivazione di successo dei funghi Pleurotus. Queste tecniche consentono di mantenere un ambiente ottimale per la crescita fungina, garantendo una produzione abbondante e di alta qualità nel corso del ciclo colturale.

5. Strategie per mantenere la temperatura ideale

Per mantenere la temperatura ideale durante la coltivazione dei funghi Pleurotus, è essenziale adottare una serie di strategie mirate che consentano di controllare e regolare l'ambiente di crescita in modo efficace. La temperatura è un fattore critico che influisce sulla crescita e sullo sviluppo dei miceli e dei corpi fruttiferi dei funghi, e mantenerla costante e ottimale è fondamentale per massimizzare la resa e la qualità della produzione.

Una delle strategie principali per mantenere la temperatura ideale è l'utilizzo di sistemi di riscaldamento e raffreddamento dell'ambiente di coltivazione. Questi sistemi possono includere riscaldatori ad aria, radiatori a basso consumo energetico, o sistemi di climatizzazione che consentono di regolare la temperatura interna dell'ambiente in base alle esigenze specifiche dei funghi Pleurotus. È importante monitorare costantemente la temperatura e regolare i sistemi di riscaldamento e raffreddamento di conseguenza per mantenere condizioni ottimali di crescita.

Oltre ai sistemi di riscaldamento e raffreddamento, è possibile utilizzare tecniche di isolamento termico per mantenere una temperatura costante e uniforme all'interno dell'ambiente di coltivazione. L'isolamento termico può essere realizzato mediante l'utilizzo di materiali isolanti come polistirolo espanso, fibra di vetro o lana di roccia, che riducono la dispersione di calore e mantengono una temperatura stabile all'interno della struttura di coltivazione.

Un'altra strategia importante è l'ottimizzazione della ventilazione dell'ambiente di coltivazione. Una corretta ventilazione consente di ridurre il surriscaldamento e di mantenere una temperatura equilibrata all'interno della struttura di coltivazione. È possibile utilizzare ventilatori o aperture regolabili per favorire il ricircolo dell'aria e garantire una distribuzione uniforme della temperatura all'interno dell'ambiente.

Inoltre, è consigliabile monitorare costantemente la temperatura del substrato, in quanto variazioni eccessive possono influenzare negativamente la crescita dei miceli e dei corpi fruttiferi dei funghi Pleurotus. Sistemi di monitoraggio automatizzato con sensori di temperatura possono essere utilizzati per rilevare eventuali variazioni e regolare i sistemi di riscaldamento e raffreddamento di conseguenza.

Infine, è importante tenere conto delle variazioni stagionali e delle condizioni climatiche esterne, adattando le strategie di controllo della temperatura in base alle esigenze specifiche dei funghi Pleurotus e alle condizioni ambientali prevalenti.

6. Controllo dell'umidità durante la fase di fruttificazione

Durante la fase di fruttificazione dei funghi Pleurotus, il controllo dell'umidità è cruciale per garantire una crescita sana e abbondante dei corpi fruttiferi. Un'umidità adeguata favorisce lo sviluppo ottimale dei funghi, mentre livelli troppo alti o troppo bassi possono compromettere la produzione e la qualità dei raccolti. Ecco alcune strategie pratiche per gestire l'umidità durante questa fase critica della coltivazione:

1. **Monitoraggio regolare:** È essenziale monitorare costantemente i livelli di umidità nell'ambiente di coltivazione utilizzando igrometri o altri strumenti di misurazione dell'umidità. Questo permette di identificare tempestivamente variazioni e intervenire di conseguenza.

2. **Nebulizzazione controllata:** La nebulizzazione dell'ambiente può essere utilizzata per aumentare l'umidità quando necessario. È importante tuttavia controllare attentamente la durata e l'intensità della nebulizzazione per evitare eccessi che potrebbero causare problemi di muffa o marciume.

3. **Aerazione regolata:** Una corretta ventilazione dell'ambiente è fondamentale per mantenere un'umidità equilibrata. Utilizzare ventilatori o aperture regolabili per favorire il ricircolo dell'aria e prevenire accumuli di umidità in determinate zone.

4. **Copertura del substrato:** Durante la fruttificazione, è consigliabile coprire il substrato con uno strato di materiale umido come carta o tessuto inumidito. Questo aiuta a mantenere un ambiente più umido intorno ai corpi fruttiferi e favorisce una crescita uniforme.

5. **Controllo dell'irrigazione:** Limitare l'irrigazione del substrato durante la fase di fruttificazione può aiutare a evitare un'eccessiva umidità che potrebbe causare problemi di marciume. Monitorare attentamente il substrato e irrigare solo quando necessario, evitando di bagnare direttamente i corpi fruttiferi.

6. **Utilizzo di teli o tende:** Posizionare teli o tende traspiranti sull'area di coltivazione può aiutare a trattenere l'umidità intorno ai funghi senza causare ristagni d'acqua. Questa tecnica può essere particolarmente utile in ambienti con bassa umidità relativa.

7. **Interventi localizzati:** In caso di zone dell'ambiente di coltivazione con livelli di umidità eccessivamente alti o bassi, è possibile intervenire localmente utilizzando sistemi di deumidificazione o umidificazione mirati.

8. **Regolazione della temperatura:** La temperatura dell'ambiente influisce anche sull'umidità relativa. Mantenere una temperatura costante e ottimale può contribuire a mantenere stabili i livelli di umidità durante la fase di fruttificazione.

Seguendo attentamente queste strategie e adattandole alle esigenze specifiche della coltivazione dei funghi Pleurotus, è possibile garantire condizioni ottimali di umidità che favoriscano una produzione abbondante e di qualità.

7. Utilizzo di strumenti per il monitoraggio dell'umidità

Durante la coltivazione dei funghi Pleurotus, l'uso di strumenti per il monitoraggio dell'umidità può essere fondamentale per garantire condizioni ottimali di crescita e fruttificazione. Esistono diversi tipi di strumenti disponibili sul mercato, ognuno con funzionalità specifiche per misurare e regolare l'umidità dell'ambiente di coltivazione. Ecco alcuni esempi di strumenti utili e le loro applicazioni pratiche:

1. **Igrometri digitali:** Gli igrometri digitali sono tra gli strumenti più comuni e convenienti per il monitoraggio dell'umidità. Questi dispositivi forniscono letture precise dell'umidità relativa dell'aria nell'ambiente di coltivazione e possono essere posizionati strategicamente per monitorare costantemente i livelli di umidità.

2. **Termoigrometri:** I termoigrometri combinano la misurazione dell'umidità con la misurazione della temperatura. Questi strumenti consentono di monitorare simultaneamente entrambi i fattori ambientali, offrendo una visione completa delle condizioni di crescita dei funghi Pleurotus.

3. **Sensori di umidità del suolo:** Per monitorare l'umidità del substrato utilizzato per la coltivazione dei funghi, è possibile utilizzare sensori di umidità del suolo. Questi dispositivi vengono inseriti nel substrato e forniscono letture accurate dell'umidità del terreno, consentendo un controllo più preciso delle condizioni di crescita.

4. **Data logger:** I data logger sono strumenti avanzati che registrano e memorizzano dati sull'umidità nel tempo. Questi dispositivi sono particolarmente utili per monitorare l'andamento dell'umidità nell'ambiente di coltivazione su lunghe periodi e per analizzare eventuali variazioni nel tempo.

5. **Sistemi di automazione:** Alcuni sistemi di coltivazione avanzati includono funzionalità di automazione per il controllo dell'umidità. Questi sistemi utilizzano sensori e dispositivi di regolazione automatica per mantenere costantemente i livelli di umidità desiderati senza richiedere un intervento manuale frequente.

6. **Termoigrometri wireless:** I termoigrometri wireless consentono di monitorare l'umidità e la temperatura da remoto, tramite connessione a dispositivi mobili o computer. Questi strumenti offrono una maggiore flessibilità e facilità di monitoraggio, consentendo agli operatori di controllare le condizioni di coltivazione da qualsiasi luogo.

Utilizzando questi strumenti in modo appropriato e integrandoli in un sistema di gestione ambientale ben progettato, gli agricoltori possono ottimizzare le condizioni di crescita dei funghi Pleurotus e massimizzare la resa e la qualità dei raccolti.

8. Consigli pratici per la gestione termo-umidostatica

La gestione termo-umidostatica è un aspetto cruciale nella coltivazione dei funghi Pleurotus, poiché condizioni ottimali di temperatura e umidità favoriscono una crescita sana e vigorosa dei miceli e dei corpi fruttiferi. Ecco alcuni consigli pratici per gestire con successo questi fattori ambientali:

1. **Monitoraggio regolare:** Prima di tutto, è essenziale monitorare regolarmente sia la temperatura che l'umidità dell'ambiente di coltivazione. Utilizza termoigrometri affidabili e posizionali strategicamente per ottenere letture accurate e aggiornate.

2. **Regolazione graduale:** Evita variazioni improvvisi nella temperatura e nell'umidità, poiché queste possono stressare i miceli e compromettere la crescita dei funghi. Piuttosto, apporta regolazioni graduali per mantenere condizioni stabili nel tempo.

3. **Raffreddamento e riscaldamento:** Utilizza sistemi di raffreddamento e riscaldamento adeguati per mantenere la temperatura dell'ambiente entro i range ottimali per la coltivazione dei Pleurotus. Ventilatori, condizionatori d'aria e riscaldatori possono essere impiegati in base alle necessità stagionali.

4. **Nebulizzazione e irrigazione:** Per gestire l'umidità, considera l'utilizzo di sistemi di nebulizzazione o irrigazione a goccia. Questi sistemi consentono di aggiungere umidità all'ambiente in modo controllato, evitando eccessi o carenze idriche.

5. **Isolamento termico:** Assicurati che le strutture di coltivazione siano ben isolate termicamente per ridurre le perdite di calore durante i mesi più freddi e limitare l'ingresso di calore durante i periodi caldi. Un isolamento efficace contribuirà a mantenere condizioni termiche più stabili all'interno dell'ambiente di coltivazione.

6. **Osservazione dei segnali dei funghi:** Osserva attentamente il comportamento dei miceli e dei corpi fruttiferi dei Pleurotus. Segni di eccessiva umidità possono includere la formazione di muffe o marciume, mentre temperature troppo elevate possono causare secchezza dei substrati e arresto della crescita.

7. **Adattamento alle fasi di crescita:** Durante le diverse fasi di crescita dei funghi, le esigenze di temperatura e umidità possono variare. Ad esempio, durante la fase di fruttificazione, potrebbe essere necessario aumentare leggermente l'umidità e ridurre la temperatura per favorire lo sviluppo dei corpi fruttiferi.

8. **Registrazione dei dati:** Tieni un registro dettagliato delle condizioni termo-umidostatiche dell'ambiente di coltivazione, inclusi i livelli di temperatura e umidità registrati e qualsiasi azione correttiva intrapresa. Questi dati possono essere preziosi per ottimizzare le pratiche di gestione ambientale nel tempo.

Seguendo questi consigli pratici e adattando le strategie di gestione termo-umidostatica alle specifiche esigenze della coltivazione dei Pleurotus, è possibile promuovere una crescita sana e una produzione abbondante di funghi di alta qualità.

XIV. Raccolta e conservazione dei funghi Pleurotus

1. Metodi di Raccolta dei Funghi Pleurotus

Il momento del raccolto dei funghi Pleurotus è cruciale per garantire la freschezza e la qualità ottimale dei prodotti finali. Esistono diversi metodi e approcci che possono essere adottati per raccogliere i funghi Pleurotus in modo efficace e sicuro. Uno dei metodi più comuni è quello di raccogliere i funghi a mano, usando un coltello affilato per tagliare delicatamente i corpi fruttiferi alla base del gambo. È importante prestare attenzione durante questa operazione per non danneggiare il substrato o disturbare il micelio sottostante. Un altro metodo consiste nell'utilizzare un cesto o un contenitore permeabile all'aria per raccogliere i funghi. Questo approccio consente di proteggere i funghi durante il trasporto e di evitare la contaminazione da altre piante o detriti.

In alcuni casi, soprattutto in contesti commerciali o su larga scala, possono essere impiegati macchinari specializzati per il raccolto dei funghi Pleurotus. Questi macchinari possono variare dalle macchine raccoglitrici automatiche che operano su terreni pianeggianti, alle macchine semiautomatiche che richiedono un'assistenza umana per il funzionamento. Tuttavia, è importante notare che l'uso di macchinari per il raccolto può comportare rischi di danneggiamento dei funghi o del substrato, quindi è necessario prestare attenzione e adottare precauzioni appropriate.

Indipendentemente dal metodo utilizzato, è fondamentale raccogliere i funghi Pleurotus quando sono ancora giovani e teneri, poiché questo è il momento in cui offrono il massimo sapore e valore nutrizionale. Evitare di raccogliere funghi troppo maturi, poiché potrebbero avere un sapore leggermente amaro e una consistenza più fibrosa. Inoltre, è consigliabile raccogliere i funghi Pleurotus al mattino presto o nel tardo pomeriggio, quando sono più freschi e idratati.

Per massimizzare la resa e la qualità del raccolto, è importante seguire una pratica sostenibile di raccolta, evitando di danneggiare l'ambiente circostante e lasciando una parte dei funghi sul substrato per consentire la riproduzione e la rigenerazione continua. Con una corretta tecnica di raccolta, è possibile godere appieno dei deliziosi e nutrienti funghi Pleurotus in varie preparazioni culinarie.

2. Tempistica Ideale per la Raccolta dei Pleurotus

La tempistica ideale per la raccolta dei funghi Pleurotus dipende da diversi fattori, tra cui la fase di crescita dei corpi fruttiferi e le condizioni ambientali. È importante essere consapevoli del ciclo di crescita dei funghi Pleurotus e riconoscere quando sono pronti per essere raccolti per ottenere i migliori risultati in termini di sapore e consistenza.

In generale, i funghi Pleurotus sono pronti per la raccolta quando i cappelli sono completamente aperti e le lamelle sono ben visibili e ancora bianche o di un colore vivace, a seconda della varietà. La dimensione dei funghi può variare a seconda della specie e delle condizioni di crescita, ma in genere sono pronti per essere raccolti quando raggiungono una dimensione sufficiente da essere considerata commestibile.

Un buon indicatore del momento ottimale per la raccolta è la comparsa delle prime spore sulle lamelle. Quando le lamelle iniziano a sviluppare una tinta leggermente scura e le spore diventano visibili, è il momento perfetto per raccogliere i funghi Pleurotus. Questo indica che i funghi hanno raggiunto la loro maturità e offrono il massimo sapore e valore nutrizionale.

Tuttavia, è importante non lasciare i funghi sulla pianta troppo a lungo dopo che le spore iniziano a svilupparsi, poiché potrebbero diventare troppo maturi e perdere la loro consistenza e sapore ottimali. Pertanto, è consigliabile raccogliere i funghi Pleurotus non appena si manifestano questi segni di maturità, preferibilmente al mattino presto o nel tardo pomeriggio quando sono più freschi.

È anche importante considerare le condizioni ambientali durante la raccolta. Evita di raccogliere i funghi durante o subito dopo una pioggia intensa, poiché l'umidità eccessiva può compromettere la loro qualità e conservazione. Scegli invece una giornata asciutta e ventilata per massimizzare la freschezza dei tuoi funghi Pleurotus.

3. Tecniche di Conservazione dei Funghi Pleurotus Freschi

Le tecniche di conservazione dei funghi Pleurotus freschi sono cruciali per preservarne la qualità, il sapore e le proprietà nutritive il più a lungo possibile dopo la raccolta. Ecco alcuni metodi efficaci per conservare i tuoi funghi Pleurotus freschi:

1. **Refrigerazione:** Dopo la raccolta, i funghi Pleurotus possono essere conservati in frigorifero per prolungarne la freschezza. Prima di metterli in frigo, è consigliabile pulirli delicatamente con un panno umido per rimuovere eventuali residui di terriccio o detriti. Successivamente, avvolgerli in un panno umido o conservarli in un contenitore ermetico rivestito di carta assorbente per assorbire l'umidità in eccesso. I funghi possono essere conservati in frigorifero per circa una settimana, ma è meglio consumarli il prima possibile per garantire la migliore qualità.

2. **Congelamento:** Se desideri conservare i funghi Pleurotus per un periodo più lungo, puoi considerare il congelamento. Prima di congelare i funghi, è consigliabile pulirli e tagliarli a pezzi o fettine, a seconda delle tue preferenze. Puoi blanchire i funghi in acqua bollente per un paio di minuti prima di congelarli per preservarne la consistenza e il colore. Una volta blanchiti, scolali e lasciali raffreddare completamente prima di disporli in sacchetti o contenitori per il congelatore. Assicurati di rimuovere l'aria in eccesso dal sacchetto o dal contenitore prima di sigillarlo per evitare la formazione di brina. I funghi congelati possono essere conservati per diversi mesi e utilizzati direttamente dal congelatore per cucinare.

3. **Essiccazione:** Un'altra opzione per conservare i funghi Pleurotus è essiccarli. Puoi essiccare i funghi in un essiccatore alimentare o semplicemente all'aria aperta in un luogo fresco e ventilato. Per essiccare i funghi, tagliali a fettine sottili e disponili su una griglia o una teglia da forno. Assicurati che i funghi siano disposti in un singolo strato per garantire un'essiccazione uniforme. Lascia essiccare i funghi fino a quando diventano duri e croccanti. Conserva i funghi essiccati in un contenitore ermetico in un luogo fresco e asciutto. I funghi essiccati possono essere conservati per diversi mesi e riidratati prima dell'uso immergendoli in acqua calda per circa 20-30 minuti.

4. **Sott'olio:** Un'altra tecnica di conservazione per i funghi Pleurotus è sott'olio. Dopo aver pulito e tagliato i funghi, puoi scaldarli leggermente in padella con un po' di olio d'oliva e aromi come aglio, prezzemolo o peperoncino. Una volta cotti, trasferisci i funghi in vasetti sterilizzati e coprili completamente con olio d'oliva. Assicurati che i funghi siano completamente coperti dall'olio per evitare la crescita di muffe o batteri. Conserva i vasetti in frigorifero e utilizza i funghi sott'olio entro alcune settimane.

Utilizzando queste tecniche di conservazione, puoi prolungare la freschezza dei tuoi funghi Pleurotus e goderti il loro delizioso sapore e le loro proprietà nutritive per un periodo più lungo.

4. Essiccazione dei Funghi Pleurotus: Procedure e Consigli

L'essiccazione dei funghi Pleurotus è un metodo efficace per conservarli a lungo termine e concentrarne il sapore. Ecco una guida dettagliata sulle procedure e i consigli per essiccare correttamente i funghi Pleurotus:

1. **Preparazione dei funghi:** Prima di iniziare il processo di essiccazione, è importante pulire accuratamente i funghi Pleurotus per rimuovere eventuali residui di terriccio o detriti. Puoi farlo delicatamente con un pennello morbido o un panno umido. Se i funghi sono particolarmente sporchi, puoi anche sciacquarli rapidamente sotto acqua corrente e asciugarli completamente con un panno pulito.

2. **Taglio dei funghi:** Dopo aver pulito i funghi, tagliali a fettine sottili o a pezzi, a seconda delle tue preferenze e dell'uso che ne farai in seguito. Assicurati che i pezzi siano di dimensioni uniformi per garantire un'essiccazione omogenea.

3. **Asciugatura:** Esistono diverse metodologie per essiccare i funghi Pleurotus. Puoi utilizzare un essiccatore alimentare impostato alla temperatura più bassa (circa 45-50°C) e seguire le istruzioni del produttore per il tempo di essiccazione. Se non hai un essiccatore, puoi anche essiccare i funghi all'aria aperta in un luogo fresco e ventilato, preferibilmente al sole. Disponi i pezzi di funghi su una griglia o una teglia da forno in un singolo strato per garantire un'essiccazione uniforme.

4. **Controllo dell'essiccazione:** Durante il processo di essiccazione, controlla regolarmente lo stato dei funghi per assicurarti che non diventino troppo secchi o che non si formino muffe. Se stai essiccando i funghi all'aria aperta, potrebbe essere necessario ruotare periodicamente i pezzi per garantire un'essiccazione uniforme. Se usi un essiccatore, monitora il tempo di essiccazione e controlla i funghi di tanto in tanto.

5. **Conservazione:** Una volta che i funghi Pleurotus sono completamente essiccati, lasciali raffreddare completamente a temperatura ambiente prima di conservarli. Conserva i funghi essiccati in contenitori ermetici o sacchetti per alimenti in un luogo fresco, asciutto e buio. Assicurati di etichettare i contenitori con la data di essiccazione e utilizza i funghi entro 6-12 mesi per garantire la massima freschezza e sapore.

Seguendo questi passaggi e prendendo cura di osservare i tempi e le condizioni durante l'essiccazione, sarai in grado di conservare i tuoi funghi Pleurotus in modo ottimale per un lungo periodo di tempo, mantenendo intatto il loro delizioso aroma e sapore.

5. Congelamento dei Funghi Pleurotus: Passaggi Efficaci

Congelare i funghi Pleurotus è un modo conveniente per conservarli a lungo termine senza compromettere la loro freschezza e qualità. Ecco una guida dettagliata su come congelare efficacemente i funghi Pleurotus:

1. **Selezione dei funghi:** Scegli i funghi Pleurotus freschi e di alta qualità per il congelamento. Assicurati che siano puliti e privi di macchie o segni di deterioramento.

2. **Pulizia e preparazione:** Prima di congelare i funghi, puliscili accuratamente per rimuovere eventuali residui di terriccio o detriti. Puoi farlo delicatamente con un pennello morbido o un panno umido. Evita di sciacquarli sotto acqua corrente, poiché l'acqua può compromettere la consistenza dei funghi.

3. **Taglio:** Taglia i funghi Pleurotus a fette o pezzi, a seconda delle tue preferenze e dell'uso che ne farai in seguito. Assicurati che i pezzi siano di dimensioni uniformi per garantire un'essiccazione uniforme.

4. **Blanching:** Il blanching è un passaggio importante per preservare la freschezza e il colore dei funghi durante il congelamento. Porta una pentola d'acqua a ebollizione e immergi i funghi per 1-2 minuti, quindi scolali immediatamente e raffreddali rapidamente in acqua ghiacciata per fermare il processo di cottura.

5. **Asciugatura:** Una volta blanched, asciuga delicatamente i funghi con un panno pulito o un tovagliolo per rimuovere l'umidità in eccesso. Questo aiuterà a prevenire la formazione di cristalli di ghiaccio durante il congelamento.

6. **Disposizione su vassoi:** Disponi i funghi blanched e asciugati su un vassoio in un singolo strato, assicurandoti che non si sovrappongano. Questo permetterà loro di congelarsi rapidamente e in modo uniforme.

7. **Congelamento:** Una volta che i funghi sono completamente asciutti, trasferiscili nel congelatore e lasciali congelare per almeno 1-2 ore, o fino a quando non sono completamente solidi.

8. **Imballaggio:** Una volta congelati, trasferisci i funghi in sacchetti per congelatore o contenitori ermetici, rimuovendo l'aria in eccesso per evitare la formazione di brina. Assicurati di etichettare i contenitori con la data di congelamento.

Seguendo questi passaggi, sarai in grado di conservare i tuoi funghi Pleurotus congelati in modo ottimale per diversi mesi, mantenendo intatto il loro sapore e la loro consistenza. Quando sei pronto per usarli, basta scongelarli delicatamente in frigorifero prima di utilizzarli nelle tue ricette preferite.

6. Sottaceti di Funghi Pleurotus: Ricette e Conservazione

I sottaceti di funghi Pleurotus rappresentano un modo delizioso e creativo per conservare e gustare questi prelibati funghi in modo diverso. Ecco alcune ricette e suggerimenti pratici per preparare sottaceti di funghi Pleurotus e conservarli a lungo termine:

1. **Selezione dei funghi:** Inizia con funghi Pleurotus freschi e di alta qualità. Assicurati che siano puliti e privi di macchie o segni di deterioramento.
2. **Preparazione dei funghi:** Pulisci accuratamente i funghi Pleurotus per rimuovere eventuali residui di terriccio o detriti. Taglia i gambi e affetta i cappelli dei funghi a fette sottili o a pezzi, a seconda delle tue preferenze.
3. **Pre-trattamento:** Prima di sottaceto, è consigliabile blanchire i funghi in acqua bollente per alcuni minuti per ammorbidirli leggermente e rendere più facile l'assorbimento del sapore della marinata.

4. **Marinatura:** Prepara una marinata con aceto, acqua, sale, zucchero, spezie e aromi a piacere. Puoi sperimentare con ingredienti come aglio, pepe nero, foglie di alloro, coriandolo e zenzero per creare un profilo aromatico unico.

5. **Cottura della marinata:** Porta la marinata a ebollizione in una pentola e lasciala cuocere per alcuni minuti per amalgamare i sapori e sciogliere il sale e lo zucchero.

6. **Imbottigliamento:** Disponi i funghi preparati in barattoli di vetro sterilizzati e versaci sopra la marinata bollente, assicurandoti che i funghi siano completamente immersi. Sigilla i barattoli ermeticamente.

7. **Raffreddamento e Conservazione:** Lascia raffreddare i barattoli a temperatura ambiente prima di conservarli in frigorifero o in un luogo fresco e buio. I sottaceti di funghi Pleurotus possono essere conservati in frigorifero per diverse settimane o anche mesi.

8. **Consumo:** I sottaceti di funghi Pleurotus sono un delizioso accompagnamento per insalate, antipasti, piatti di carne e formaggi. Assicurati di consumarli entro la data di scadenza e di tenere traccia della loro conservazione.

Preparare i sottaceti di funghi Pleurotus è un modo creativo per estendere la loro durata e sperimentare nuovi sapori e consistenze. Con queste ricette e suggerimenti pratici, potrai godere dei tuoi funghi conservati in modo delizioso e versatile.

7. Conservazione a Lungo Termine dei Funghi Pleurotus

La conservazione a lungo termine dei funghi Pleurotus richiede una corretta manipolazione e l'adozione di tecniche specifiche per garantire che i funghi mantengano la loro freschezza e qualità per il periodo più lungo possibile. Ecco alcuni metodi efficaci per conservare i funghi Pleurotus a lungo termine:

1. **Essiccazione:** L'essiccazione è uno dei modi più comuni per conservare i funghi a lungo termine. Taglia i funghi a fette sottili e distribuiscili uniformemente su un vassoio da essiccazione o una griglia. Asciugali in un essiccatore alimentare o in forno a bassa temperatura fino a quando diventano completamente secchi e croccanti. Conserva i funghi essiccati in barattoli di vetro o sacchetti sigillati in un luogo fresco e asciutto.

2. **Congelamento:** Il congelamento è un altro metodo efficace per conservare i funghi Pleurotus. Prima di congelarli, è consigliabile blanchire i funghi per alcuni minuti in acqua bollente e quindi raffreddarli rapidamente in acqua ghiacciata per fermare il processo di cottura. Asciuga delicatamente i funghi e mettili in sacchetti per congelatore o contenitori ermetici. Congela i funghi rapidamente per mantenere la loro freschezza e sapore.

3. **Sottaceti:** Come discusso nel paragrafo precedente, i sottaceti sono un'opzione deliziosa per conservare i funghi Pleurotus a lungo termine. Prepara i sottaceti secondo le ricette e i suggerimenti forniti, quindi sigilla ermeticamente i barattoli e conservali in frigorifero o in un luogo fresco e buio.

4. **Sott'olio:** Un'altra opzione per conservare i funghi Pleurotus è sott'olio. Taglia i funghi e soffriggili leggermente in olio d'oliva con aglio e aromi a piacere. Una volta raffreddati, trasferisci i funghi e l'olio aromatico in barattoli di vetro sterilizzati e conservali in frigorifero.

5. **Sottovuoto:** Utilizza un sottovuoto per sigillare ermeticamente i funghi in sacchetti appositi per conservarli a lungo termine. Il sottovuoto aiuta a prevenire l'ossidazione e l'ingresso di aria, mantenendo così la freschezza dei funghi per un periodo prolungato.

6. **Conservazione in salamoia:** I funghi possono anche essere conservati in salamoia, una soluzione di acqua, aceto, sale e aromi. Immergi i funghi puliti e tagliati nella salamoia preparata e conserva il barattolo in frigorifero.

Utilizzando queste tecniche di conservazione, è possibile godere dei deliziosi funghi Pleurotus anche quando non sono di stagione, mantenendo intatti il loro sapore e le loro proprietà nutritive.

8. Utilizzo Creativo dei Funghi Pleurotus Conservati

L'uso creativo dei funghi Pleurotus conservati offre infinite possibilità culinarie, consentendo di sperimentare con sapori unici e piatti originali. Ecco alcune idee innovative per sfruttare al meglio i funghi Pleurotus conservati:

1. **Farciture per Panini e Sandwich:** Utilizza i funghi Pleurotus conservati come deliziosa farcitura per panini e sandwich. Taglia i funghi a fette sottili e aggiungili a insalate, formaggi e altri ingredienti per creare panini gourmet ricchi di sapore e consistenza.

2. **Condimenti per Pizza:** Aggiungi i funghi Pleurotus conservati come condimento per pizza per un tocco di gusto e texture extra. Taglia i funghi a fette sottili e distribuiscili uniformemente sulla pizza prima della cottura per arricchire il suo sapore e renderla più invitante.

3. **Ripieni per Pasta:** Utilizza i funghi Pleurotus conservati come ripieno per pasta ripiena, come ravioli o tortellini. Trita i funghi e mescolali con formaggio cremoso o ricotta per un ripieno gustoso e pieno di sapore.

4. **Insaporitori per Piatti Principali:** Aggiungi i funghi Pleurotus conservati come insaporitori per piatti principali come risotti, zuppe e stufati. Il loro sapore ricco e terroso migliorerà il piatto e aggiungerà profondità alla sua complessità aromatica.

5. **Base per Salse e Condimenti:** Utilizza i funghi Pleurotus conservati come base per salse e condimenti per pasta, carne e pesce. Frulla i funghi con erbe fresche, aglio e olio d'oliva per creare una salsa cremosa e saporita da servire con i tuoi piatti preferiti.

6. **Antipasti Creativi:** Crea antipasti originali utilizzando i funghi Pleurotus conservati come ingrediente principale. Puoi farcirli con formaggio, avvolgerli in pancetta o prepararli come crocchette croccanti per deliziare i tuoi ospiti.

7. **Frittate e Tortillas:** Aggiungi i funghi Pleurotus conservati alle frittate e alle tortillas per un piatto ricco di gusto e consistenza. Mescola i funghi con uova sbattute e altri ingredienti a piacere per una colazione o un pranzo nutrienti e deliziosi.

8. **Guarnizioni per Piatti Principali:** Utilizza i funghi Pleurotus conservati come guarnizione per piatti principali come carne arrosto o pesce alla griglia. Taglia i funghi a fette sottili e disponili elegantemente sopra il piatto per un tocco di eleganza e sapore.

Sfruttando in modo creativo i funghi Pleurotus conservati, è possibile trasformare qualsiasi piatto in un'esperienza culinaria memorabile, arricchendo i sapori e soddisfacendo i palati più esigenti.

XV. Utilizzo dei funghi Pleurotus in cucina: ricette e suggerimenti

1. Ricette classiche con funghi Pleurotus

Le ricette classiche con i funghi Pleurotus offrono un'eccellente opportunità di apprezzare al meglio il loro sapore unico e versatile. Tra le preparazioni più amate vi è sicuramente la "Frittata ai Funghi Pleurotus", un piatto che unisce la delicatezza delle uova alla consistenza morbida dei funghi.

Per prepararla, è consigliabile tagliare i funghi Pleurotus a fette sottili e saltarli in padella con olio extravergine di oliva e aglio tritato fino a renderli dorati e aromatici. Successivamente, vanno aggiunte le uova sbattute con un pizzico di sale e pepe e mescolate fino a ottenere una consistenza omogenea. L'impasto va quindi versato in una padella antiaderente e cotto a fuoco medio-basso fino a quando non risulta ben rappreso su entrambi i lati.

Servita calda o fredda, la frittata ai funghi Pleurotus è un'ottima scelta per una colazione sostanziosa, un pranzo leggero o una cena veloce. La sua versatilità consente inoltre di personalizzare la ricetta aggiungendo ingredienti come formaggio grattugiato, erbe aromatiche o verdure a piacere, rendendo ogni preparazione unica e appagante.

Le ricette classiche sono solo l'inizio dell'esplorazione culinaria dei funghi Pleurotus. Continuando questa avventura gastronomica, è possibile scoprire una vasta gamma di piatti creativi e deliziosi che esaltano al massimo il loro sapore e le loro proprietà nutritive, offrendo un'esperienza culinaria indimenticabile.

La frittata ai funghi Pleurotus è solo uno dei tanti modi deliziosi per godere di questi funghi versatili. Con la loro consistenza carnosa e il sapore delicato, i funghi Pleurotus si prestano a una varietà infinita di preparazioni culinarie, dalle zuppe e risotti agli involtini e alle pizze gourmet. Esplorare la cucina con i funghi Pleurotus è un viaggio affascinante che promette di soddisfare i palati più esigenti e di arricchire la tavola con sapori autentici e genuini.

Il gusto unico e la consistenza delicata dei funghi Pleurotus li rendono un ingrediente prezioso in cucina, adatto a una vasta gamma di piatti e cucine tradizionali e innovative. Sperimentare con le ricette classiche e creative è un modo eccellente per apprezzare appieno tutto ciò che i funghi Pleurotus hanno da offrire e per arricchire la propria esperienza culinaria con sapori autentici e appaganti.

2. Suggerimenti per la preparazione dei funghi Pleurotus

Preparare i funghi Pleurotus in modo ottimale richiede attenzione ai dettagli e l'applicazione di alcune tecniche specifiche. Ecco alcuni suggerimenti pratici per garantire il successo in cucina:

1. **Pulizia accurata:** Prima di utilizzare i funghi Pleurotus, è essenziale pulirli accuratamente per rimuovere eventuali residui di terra o impurità. Si consiglia di utilizzare un panno umido o una spazzola morbida per delicatamente strofinare la superficie dei funghi e rimuovere lo sporco.

2. **Taglio uniforme:** Per garantire una cottura uniforme e una presentazione attraente, è consigliabile tagliare i funghi Pleurotus in fette uniformi. Questo permette loro di cuocere in modo uniforme e di mantenere la loro consistenza durante la preparazione.

3. **Marinatura:** I funghi Pleurotus si prestano bene alla marinatura, che può aggiungere profondità di sapore e tenerezza alla loro consistenza. Si consiglia di marinare i funghi in una miscela di olio d'oliva, aceto, erbe aromatiche e spezie per almeno 30 minuti prima di cucinarli.

4. **Cottura a fuoco medio:** Durante la cottura, è importante mantenere il fuoco a intensità media per evitare che i funghi si brucino o diventino troppo morbidi. Una cottura lenta e controllata permette ai funghi di sviluppare i loro sapori in modo ottimale e di mantenere la loro consistenza.

5. **Aggiunta di aromi:** Per arricchire il sapore dei funghi Pleurotus, si consiglia di aggiungere aromi complementari durante la cottura. Aglio, cipolla, prezzemolo, timo e rosmarino sono solo alcune delle opzioni che possono essere utilizzate per esaltare il sapore dei funghi e creare piatti deliziosi e aromatici.

6. **Evitare l'eccesso di liquidi:** Durante la cottura, è importante evitare di aggiungere troppi liquidi ai funghi, in quanto potrebbe compromettere la loro consistenza e diluire il loro sapore. In caso di necessità, è consigliabile aggiungere solo una piccola quantità di brodo o vino per evitare che i funghi diventino troppo umidi.

Seguendo questi suggerimenti pratici, è possibile ottenere piatti deliziosi e appaganti utilizzando i funghi Pleurotus, arricchendo così l'esperienza culinaria con sapori autentici e genuini.

3. Piatti vegetariani con funghi Pleurotus

I funghi Pleurotus sono un ingrediente versatile e nutriente che si presta magnificamente alla preparazione di piatti vegetariani deliziosi e nutrienti. Ecco alcune idee creative per sfruttare al meglio il loro sapore unico e la loro consistenza invitante:

1. **Risotto ai funghi Pleurotus:** Il risotto è un classico della cucina italiana che si sposa alla perfezione con i funghi Pleurotus. Per preparare questa delizia vegetariana, basta rosolare i funghi con aglio e prezzemolo, poi aggiungere il riso e cuocere gradualmente con brodo vegetale fino a ottenere una consistenza cremosa. Aggiungere formaggio parmigiano grattugiato e servire caldo.

2. **Pizza ai funghi Pleurotus:** La pizza è un piatto amato da tutti, e i funghi Pleurotus possono aggiungere un tocco di sapore e texture unici. Basta tagliare i funghi a fette sottili e distribuirli uniformemente sulla pizza insieme ad altri ingredienti come mozzarella, pomodori freschi e basilico. Cuocere nel forno fino a doratura e servire calda.

3. **Burger vegetariani ai funghi Pleurotus:** Questi burger sono una fantastica alternativa vegetale ai classici hamburger di carne. Per prepararli, tritare finemente i funghi Pleurotus e mescolarli con cipolle, pangrattato, uova e spezie. Formare delle polpette e cuocerle in padella fino a doratura. Servire su panini con insalata, pomodori e condimenti a piacere.

4. **Pasta ai funghi Pleurotus e panna:** Una pasta cremosa arricchita con i funghi Pleurotus è un piatto confortante e delizioso. Basta saltare i funghi con aglio e timo in una padella, poi aggiungere panna e formaggio grattugiato per creare una salsa vellutata. Condire la pasta cotta al dente con questa deliziosa salsa e servire calda.

5. **Insalata di funghi Pleurotus grigliati:** Un'insalata fresca e leggera può essere elevata a un livello superiore con l'aggiunta di funghi Pleurotus grigliati. Basta marinare i funghi con olio d'oliva, aceto balsamico e erbe aromatiche, quindi grigliarli fino a ottenere una leggera doratura. Servire i funghi grigliati su un letto di lattuga mista con pomodori, cetrioli e condimenti a scelta.

Queste sono solo alcune delle infinite possibilità per creare piatti vegetariani deliziosi e nutrienti utilizzando i versatili funghi Pleurotus. Sperimenta con ingredienti e tecniche di cottura per scoprire nuovi modi per apprezzare il loro sapore unico e invitante.

4. Sfiziosi antipasti a base di funghi Pleurotus

Gli antipasti a base di funghi Pleurotus sono un modo delizioso per iniziare un pasto in modo invitante e gustoso. Ecco alcune ricette sfiziose che mettono in risalto il sapore unico di questi funghi:

1. **Bruschette ai funghi Pleurotus e formaggio di capra:** Per preparare queste bruschette, basta grigliare fette di pane croccante e spalmare sopra del formaggio di capra morbido. Nel frattempo, saltare i funghi Pleurotus affettati con aglio e timo fino a quando sono teneri e dorati. Disporre i funghi sopra le bruschette e completare con un filo di miele e una spruzzata di pepe nero.

2. **Crostini ai funghi Pleurotus e ricotta:** Questi crostini sono leggeri e pieni di sapore. Per prepararli, basta tostare fette di pane baguette e spalmare sopra della ricotta fresca. Soffriggere i funghi Pleurotus con scalogno e rosmarino fino a quando sono dorati e caramellizzati. Disporre i funghi sopra i crostini e completare con una spruzzata di aceto balsamico e prezzemolo fresco tritato.

3. **Frittelle di funghi Pleurotus:** Queste frittelle sono un antipasto irresistibile che piacerà a tutti. Per prepararle, basta mescolare i funghi Pleurotus tritati con uova, farina, prezzemolo fresco e formaggio grattugiato. Formare delle piccole frittelle e cuocerle in padella fino a doratura su entrambi i lati. Servire le frittelle calde con una salsa di yogurt e erbe fresche.

4. **Arancini ai funghi Pleurotus:** Gli arancini sono delle palline di riso ripiene e fritte, e questa versione con funghi Pleurotus è semplicemente deliziosa. Per prepararle, basta cuocere il riso al dente e mescolarlo con i funghi Pleurotus saltati, piselli, formaggio grattugiato e uova. Formare delle palline, farcirle con un cubetto di mozzarella e passarle nella panatura. Friggere gli arancini fino a doratura e servirli caldi con salsa marinara.

5. **Funghi Pleurotus ripieni:** Questo antipasto è elegante e pieno di sapore. Per prepararlo, basta rimuovere i gambi dai funghi Pleurotus e farcire i cappelli con una miscela di pangrattato, formaggio grattugiato, aglio, prezzemolo e olio d'oliva. Cuocere in forno fino a quando i funghi sono dorati e croccanti. Servire caldi come antipasto o accompagnamento.

Questi deliziosi antipasti a base di funghi Pleurotus sono perfetti per iniziare un pasto con gusto e stile. Sperimenta con le ricette e personalizzale secondo i tuoi gusti e preferenze. Buon appetito!

5. Creatività in cucina: idee innovative con i funghi Pleurotus

Esplorare la creatività in cucina con i funghi Pleurotus offre infinite possibilità per creare piatti innovativi e appaganti. Ecco alcune idee per sfruttare al massimo il potenziale culinario di questi deliziosi funghi:

1. **Tacos vegetariani con funghi Pleurotus:** Per una versione vegetariana e gustosa dei tacos, basta marinare fette di funghi Pleurotus con una miscela di lime, olio d'oliva, aglio e spezie messicane. Grigliare i funghi fino a quando sono teneri e aromatici, quindi servirli all'interno di tortillas calde con guacamole, salsa fresca e formaggio cotija.

2. **Pizza ai funghi Pleurotus e rosmarino:** Questa pizza gourmet è un'esplosione di sapori. Stendere della salsa di pomodoro sulla base della pizza e aggiungere fettine di funghi Pleurotus saltati con aglio e rosmarino fresco. Completare con mozzarella fresca a cubetti e una generosa spolverata di parmigiano grattugiato. Cuocere in forno fino a quando la crosta è dorata e croccante.

3. **Insalata di quinoa e funghi Pleurotus arrosto:** Per un'insalata nutriente e saporita, basta mescolare quinoa cotta con funghi Pleurotus arrosto, pomodorini ciliegia tagliati a metà, cetriolini sottaceto a fette, olive nere a fette e prezzemolo fresco tritato. Condire con una vinaigrette leggera a base di olio d'oliva, aceto di vino rosso, senape e aglio.

4. **Risotto ai funghi Pleurotus e zafferano:** Questo risotto cremoso è un piatto comfort perfetto per le serate invernali. Inizia facendo soffriggere riso Arborio in olio d'oliva con scalogno tritato, quindi aggiungi vino bianco secco e fai evaporare. Aggiungi gradualmente brodo vegetale caldo, mescolando di tanto in tanto, fino a quando il riso è al dente. Nel frattempo, saltare i funghi Pleurotus con aglio e prezzemolo. Unisci i funghi al risotto insieme allo zafferano e al parmigiano grattugiato prima di servire.

5. **Bocconcini di pollo ripieni di funghi Pleurotus:** Questo piatto è un trionfo di sapori e consistenze. Basta farcire petti di pollo con una miscela di funghi Pleurotus saltati, formaggio di capra cremoso, spinaci freschi e pinoli tostati. Sigilla i bocconcini con stuzzicadenti e cuocili in padella fino a quando sono dorati e cotti attraverso. Servire con una salsa cremosa al vino bianco e erbe fresche.

Sperimenta con queste idee innovative per portare i funghi Pleurotus al centro della scena culinaria. La loro versatilità e sapore unico renderanno ogni piatto un successo indiscusso. Buon appetito!

XVI. Coltivazione dei funghi Shiitake (Lentinula edodes)

1. Selezione dei substrati ottimali per la coltivazione dei funghi Shiitake

La selezione dei substrati per la coltivazione dei funghi Shiitake è un passaggio cruciale che influisce direttamente sulla qualità e sulla resa del raccolto. I coltivatori devono scegliere con cura i materiali su cui far crescere il micelio di Shiitake, tenendo conto di diversi fattori come la disponibilità, la composizione chimica, la capacità di ritenzione d'acqua e la durata nel tempo.

Tra i substrati più utilizzati per la coltivazione dei funghi Shiitake vi sono il legno duro, come quercia, faggio e castagno, e i trucioli di legno. Questi materiali offrono una superficie adatta per l'adesione e la crescita del micelio, garantendo una buona circolazione dell'aria e una corretta idratazione.

Tuttavia, la selezione del legno non è l'unica opzione disponibile. Altri substrati organici, come paglia, segatura, cartone, bucce di frutta, possono essere utilizzati con successo per la coltivazione dei funghi Shiitake. Questi materiali possono essere più economici e facilmente reperibili, offrendo una varietà di opzioni ai coltivatori.

Oltre ai substrati organici, esistono anche substrati artificiali, come i blocchi di coltura composti da segatura pressata e altri additivi nutrienti. Questi blocchi offrono un ambiente sterile e controllato per la crescita del micelio, riducendo il rischio di contaminazione e semplificando il processo di coltivazione.

La scelta del substrato ideale dipende dalle risorse disponibili, dalle preferenze del coltivatore e dalle condizioni ambientali. È importante effettuare test preliminari per valutare la capacità di crescita del micelio e la produttività del substrato prima di avviare la coltivazione su larga scala.

Inoltre, è consigliabile tenere conto delle esigenze specifiche della varietà di Shiitake che si intende coltivare, poiché alcune varietà possono richiedere substrati particolari per esprimere al meglio le loro caratteristiche organolettiche. Prestare attenzione a questi dettagli può fare la differenza tra una coltivazione di successo e un risultato deludente.

La scelta del substrato ideale è solo il primo passo per una coltivazione di successo dei funghi Shiitake. È importante considerare anche la preparazione del substrato, l'inoculazione del micelio, il monitoraggio delle condizioni di crescita e altri aspetti cruciali per ottenere un raccolto abbondante e di alta qualità.

2. Preparazione del substrato per la coltivazione dei funghi Shiitake

La preparazione del substrato per la coltivazione dei funghi Shiitake è un processo fondamentale che richiede cura e precisione per garantire il successo del raccolto. Prima di inoculare il micelio di Shiitake sul substrato, è essenziale prepararlo adeguatamente per fornire un ambiente favorevole alla crescita e allo sviluppo dei funghi.

Il primo passo nella preparazione del substrato è la sterilizzazione o la pasteurizzazione, a seconda del metodo preferito dal coltivatore. La sterilizzazione è il processo di eliminazione di tutti i microrganismi presenti nel substrato, compresi batteri, funghi e altri agenti patogeni, utilizzando calore o altri agenti chimici. La pasteurizzazione, d'altra parte, comporta il riscaldamento del substrato a temperature inferiori rispetto alla sterilizzazione per un periodo di tempo più breve, eliminando la maggior parte dei microrganismi nocivi senza danneggiare il micelio di Shiitake.

Dopo la sterilizzazione o la pasteurizzazione, il substrato deve essere raffreddato e umidificato per raggiungere le condizioni ottimali per l'inoculazione del micelio. È importante mantenere un'adeguata umidità nel substrato durante questo processo per evitare che si secchi e per favorire la crescita del micelio.

Una volta che il substrato è pronto, il passo successivo è l'inoculazione del micelio di Shiitake. Questo può essere fatto utilizzando diversi metodi, tra cui l'aggiunta di micelio spawn al substrato sterilizzato o la miscelazione del micelio spawn con il substrato prima della sterilizzazione o pasteurizzazione. È importante distribuire uniformemente il micelio nel substrato per garantire una crescita uniforme dei funghi Shiitake.

Dopo l'inoculazione, il substrato viene generalmente trasferito in sacchetti di coltura o contenitori appropriati e incubato a temperature controllate fino a quando il micelio si è diffuso completamente attraverso il substrato. Durante questo periodo, è importante mantenere le condizioni di temperatura e umidità ottimali per favorire una crescita sana e vigorosa del micelio.

Una volta che il micelio ha colonizzato completamente il substrato, è pronto per la fruttificazione. A questo punto, è importante fornire le condizioni ambientali appropriate, incluse la temperatura e l'umidità, per stimolare la formazione dei corpi fruttiferi di Shiitake.

La preparazione del substrato è un processo cruciale che influisce direttamente sul successo della coltivazione dei funghi Shiitake. Seguire attentamente i passaggi di preparazione e mantenere le condizioni ambientali ottimali può aiutare i coltivatori a ottenere un raccolto abbondante e di alta qualità.

3. Inoculazione del substrato con colonie di micelio di Shiitake

L'inoculazione del substrato con colonie di micelio di Shiitake è un passaggio cruciale nel processo di coltivazione dei funghi, poiché determina la rapidità e l'efficacia con cui il micelio colonizza il substrato e produce corpi fruttiferi. Prima di procedere con l'inoculazione, è importante assicurarsi che il substrato sia stato preparato correttamente e che sia sterile per evitare la contaminazione da parte di agenti patogeni o competitori microbici.

Per inoculare il substrato, è necessario avere a disposizione colonie di micelio di Shiitake, che possono essere ottenute da un fornitore specializzato o da coltivazioni precedenti. Le colonie di micelio possono essere presenti in diversi formati, come micelio spawn, trucioli di legno inoculati o altri supporti substrato impregnati di micelio. È importante selezionare colonie di micelio di alta qualità da fonti affidabili per garantire una crescita sana e vigorosa dei funghi Shiitake.

Prima dell'inoculazione, il substrato e le colonie di micelio devono essere a temperatura ambiente per evitare shock termico al micelio. È consigliabile lavorare in un ambiente pulito e sterile per ridurre al minimo il rischio di contaminazione durante il processo di inoculazione. Una volta che tutto è pronto, il micelio spawn viene distribuito uniformemente sul substrato, assicurandosi che sia ben distribuito e che copra uniformemente tutta la superficie del substrato.

Dopo l'inoculazione, il substrato viene generalmente trasferito in contenitori o sacchetti di coltura e incubato a temperature controllate per consentire al micelio di colonizzare completamente il substrato. Durante questo periodo, è importante mantenere le condizioni ottimali di temperatura e umidità per favorire una crescita rapida e uniforme del micelio.

Una volta che il micelio ha colonizzato completamente il substrato, è pronto per la fruttificazione. A questo punto, il substrato può essere trasferito in ambienti adatti alla formazione dei corpi fruttiferi, come camere di fruttificazione, dove vengono fornite le condizioni ambientali ottimali per stimolare la formazione dei funghi Shiitake.

L'inoculazione del substrato con colonie di micelio di Shiitake richiede cura e attenzione per garantire una crescita sana e vigorosa dei funghi. Seguire attentamente i passaggi e mantenere condizioni ambientali ottimali può contribuire a massimizzare il successo della coltivazione dei funghi Shiitake.

4. Monitoraggio della crescita del micelio e gestione delle condizioni ambientali

Il monitoraggio della crescita del micelio e la gestione delle condizioni ambientali sono due aspetti fondamentali nella coltivazione dei funghi Shiitake, poiché influenzano direttamente la salute e la produttività delle coltivazioni. Durante il processo di crescita del micelio, è essenziale monitorare attentamente l'evoluzione del substrato e le condizioni ambientali per garantire una crescita ottimale e prevenire problemi come la contaminazione microbica o il rilascio di agenti patogeni.

Il monitoraggio della crescita del micelio può essere effettuato attraverso l'osservazione visiva del substrato e l'analisi della sua consistenza e colore. Il micelio dovrebbe apparire come una rete biancastra o color crema che si espande gradualmente attraverso il substrato. È importante verificare regolarmente lo stato del micelio per rilevare eventuali segni di contaminazione o anomalie nella crescita, come la formazione di muffe o odori sgradevoli.

Parallelamente al monitoraggio della crescita del micelio, è cruciale gestire attentamente le condizioni ambientali all'interno dell'area di coltivazione. Le condizioni ottimali includono temperatura, umidità, ventilazione e luce. La temperatura ideale per la crescita del micelio di Shiitake varia tra i 24°C e i 27°C, mentre l'umidità dovrebbe essere mantenuta intorno al 70-80%. Un'adeguata ventilazione è essenziale per prevenire l'accumulo di umidità e favorire lo scambio di aria all'interno dell'ambiente di coltivazione. Inoltre, la luce può influenzare il ritmo di crescita e la formazione dei corpi fruttiferi, quindi è consigliabile fornire una luce diffusa e indiretta durante la fase di incubazione e una luce più intensa durante la fruttificazione.

Per gestire efficacemente le condizioni ambientali, è consigliabile utilizzare strumenti di monitoraggio come termometri, igrometri e misuratori di CO_2. Questi strumenti consentono di monitorare costantemente le condizioni all'interno dell'area di coltivazione e apportare eventuali regolazioni quando necessario. Ad esempio, se la temperatura o l'umidità scendono al di sotto dei livelli ottimali, è possibile regolare il riscaldamento o utilizzare sistemi di nebulizzazione per aumentare l'umidità dell'aria.

In conclusione, il monitoraggio della crescita del micelio e la gestione attenta delle condizioni ambientali sono fondamentali per il successo della coltivazione dei funghi Shiitake. Assicurarsi di seguire attentamente questi passaggi e apportare eventuali regolazioni necessarie può contribuire a massimizzare la produttività e la qualità delle coltivazioni.

5. Induzione della fruttificazione dei funghi Shiitake

L'induzione della fruttificazione dei funghi Shiitake è una fase critica nella coltivazione che richiede cura e attenzione particolare. Una volta che il micelio ha colonizzato completamente il substrato e sono state stabilite le condizioni ambientali ottimali, è possibile avviare il processo di fruttificazione per ottenere i corpi fruttiferi desiderati.

Per indurre la fruttificazione, è necessario creare un cambiamento nelle condizioni ambientali, simulando le condizioni di crescita che favoriscono la formazione dei corpi fruttiferi. Il metodo più comune per farlo è quello di esporre il substrato a condizioni di freschezza e umidità elevate, tipicamente attraverso il processo di shock termico. Questo processo implica l'abbassamento improvviso della temperatura e l'incremento dell'umidità relativa per un periodo di tempo determinato, solitamente alcuni giorni.

Per applicare lo shock termico, è possibile utilizzare diverse tecniche. Una delle più comuni è quella di immergere il substrato completamente in acqua fredda per circa 24 ore, seguita da una fase di sgocciolamento e un'ulteriore esposizione a temperature più fresche e umide. Altre opzioni includono l'utilizzo di nebulizzatori per aumentare l'umidità dell'aria o l'esposizione diretta a correnti d'aria fresca.

Durante questa fase, è importante monitorare attentamente le condizioni ambientali e assicurarsi che siano mantenute costanti e ottimali per la formazione dei corpi fruttiferi. La temperatura dovrebbe essere mantenuta intorno ai 12-18°C, mentre l'umidità relativa dovrebbe essere elevata, preferibilmente intorno al 90-95%. Inoltre, è consigliabile fornire una luce diffusa e indiretta per stimolare la crescita dei corpi fruttiferi.

Una volta avviato il processo di fruttificazione, i primi corpi fruttiferi dovrebbero iniziare a formarsi entro poche settimane. È importante continuare a monitorare attentamente le condizioni ambientali e apportare eventuali regolazioni necessarie durante questa fase critica per garantire una crescita sana e vigorosa dei funghi Shiitake.

In conclusione, l'induzione della fruttificazione dei funghi Shiitake richiede una combinazione di attenzione alle condizioni ambientali, tecniche di shock termico e monitoraggio costante. Seguendo attentamente questi passaggi e applicando le giuste pratiche colturali, è possibile ottenere una produzione abbondante e di alta qualità di corpi fruttiferi di Shiitake.

6. Raccolta e conservazione dei corpi fruttiferi di Shiitake

La raccolta e la conservazione dei corpi fruttiferi di Shiitake sono fasi cruciali nella produzione di funghi di alta qualità, che preservino freschezza, sapore e nutrienti. Una volta che i corpi fruttiferi hanno raggiunto la dimensione e la maturità desiderate, è importante raccoglierli con cura per preservare la loro integrità e qualità.

Prima di iniziare la raccolta, è essenziale assicurarsi che i corpi fruttiferi siano completamente maturi e pronti per essere raccolti. I Shiitake pronti per la raccolta avranno un cappello aperto e piatto, con margini leggermente ricurvi verso l'alto. La superficie dei cappelli dovrebbe essere liscia e di colore uniforme, senza segni evidenti di danni o deperimento.

Per raccogliere i corpi fruttiferi, è consigliabile utilizzare un coltello affilato e pulito. Con movimenti decisi ma delicati, tagliare i funghi alla base del gambo, evitando di danneggiare il substrato circostante o altri corpi fruttiferi nelle vicinanze. È importante raccogliere i funghi individualmente, uno alla volta, per garantire una manipolazione delicata e una migliore conservazione.

Dopo la raccolta, i corpi fruttiferi di Shiitake possono essere consumati freschi o conservati per un uso futuro. Se si desidera consumarli immediatamente, è possibile conservarli in frigorifero in un contenitore ermetico o una busta di plastica per alcuni giorni. Tuttavia, per una conservazione più prolungata, è consigliabile adottare metodi di conservazione più duraturi.

Uno dei modi più comuni per conservare i corpi fruttiferi di Shiitake è l'essiccazione. Per essiccare i funghi, è possibile utilizzare un essiccatore alimentare o semplicemente appendere i funghi a testa in giù in un luogo fresco, asciutto e ben ventilato. Una volta essiccati completamente, i funghi possono essere conservati in barattoli ermetici o sacchetti di plastica per diversi mesi, mantenendo intatta la loro freschezza e sapore.

Un'altra opzione per conservare i corpi fruttiferi di Shiitake è congelarli. Prima di congelare i funghi, è consigliabile sbollentarli brevemente in acqua bollente per alcuni minuti, quindi scolarli e lasciarli raffreddare completamente. Una volta raffreddati, i funghi possono essere disposti su un vassoio e congelati, quindi trasferiti in sacchetti per congelatore per conservarli a lungo termine.

In conclusione, la raccolta e la conservazione dei corpi fruttiferi di Shiitake richiedono cura e attenzione per garantire la massima freschezza e qualità. Seguendo le giuste pratiche di raccolta e utilizzando metodi di conservazione appropriati, è possibile godere dei deliziosi sapori dei funghi Shiitake anche dopo la loro stagione di crescita.

7. Tecniche avanzate per ottimizzare la coltivazione dei funghi Shiitake

Le tecniche avanzate per ottimizzare la coltivazione dei funghi Shiitake sono fondamentali per massimizzare la resa e garantire una produzione di alta qualità. Queste strategie avanzate coinvolgono una serie di pratiche e metodologie mirate a ottimizzare ogni fase del processo di coltivazione, dall'inoculazione del substrato alla fruttificazione finale.

Una delle tecniche avanzate più utilizzate è l'ottimizzazione della composizione del substrato. Poiché il substrato costituisce l'ambiente di crescita principale per i funghi Shiitake, è essenziale selezionare ingredienti di alta qualità e bilanciare accuratamente la miscela per garantire condizioni ottimali per la colonizzazione del micelio e la fruttificazione dei funghi. Questo può includere l'aggiunta di nutrienti come segatura, paglia, cereali o altri materiali organici per migliorare la qualità e la consistenza del substrato.

Un'altra tecnica avanzata è la gestione precisa delle condizioni ambientali. Ciò può comprendere il controllo accurato dell'umidità, della temperatura e della ventilazione nell'ambiente di coltivazione. Le moderne strutture di coltivazione possono essere dotate di sistemi automatizzati che monitorano e regolano costantemente queste variabili per garantire condizioni ottimali di crescita dei funghi Shiitake.

Inoltre, l'impiego di metodi avanzati di inoculazione del substrato può migliorare significativamente l'efficienza e la velocità di colonizzazione del micelio. Tecniche come l'utilizzo di micelio liquido o in polvere, la pasteurizzazione del substrato e l'incorporazione di microrganismi benefici possono favorire una rapida e completa colonizzazione del substrato, riducendo al contempo il rischio di contaminazione da parte di agenti patogeni.

Un'altra strategia avanzata è l'ottimizzazione della fase di fruttificazione attraverso l'uso di tecniche come la stimolazione della formazione di primordi, la gestione della luce e l'umidificazione controllata dell'ambiente. Queste pratiche possono favorire una produzione più uniforme e abbondante di corpi fruttiferi di alta qualità.

Infine, l'implementazione di pratiche di monitoraggio e gestione integrata delle malattie e dei parassiti può contribuire a proteggere la coltivazione dei funghi Shiitake da potenziali minacce alla salute delle piante e garantire una produzione sana e sostenibile nel lungo termine.

In sintesi, l'adozione di tecniche avanzate per ottimizzare la coltivazione dei funghi Shiitake richiede un approccio olistico e attento a ogni aspetto del processo di coltivazione. Sfruttando le conoscenze scientifiche e le tecnologie moderne, è possibile massimizzare la resa e ottenere risultati di alta qualità in modo efficiente e sostenibile.

8. Cure e manutenzione dei funghi Shiitake: gestione dell'umidità e della temperatura

La cura e la manutenzione dei funghi Shiitake richiedono una gestione attenta dell'umidità e della temperatura, due fattori ambientali critici che influenzano direttamente la crescita e la salute dei funghi. Ottimizzare queste variabili è fondamentale per garantire una produzione costante e di alta qualità nel corso del ciclo di coltivazione.

Per gestire efficacemente l'umidità, è importante mantenere un equilibrio tra il livello di umidità nell'aria e nel substrato. Gli ambienti di coltivazione dei funghi Shiitake devono essere mantenuti ad un'umidità relativa ottimale, generalmente compresa tra il 75% e l'85%. Questo può essere raggiunto attraverso l'utilizzo di sistemi di nebulizzazione, umidificatori o ventilatori per regolare l'umidità dell'aria nell'ambiente di coltivazione. È importante monitorare regolarmente l'umidità relativa e adottare misure correttive in caso di deviazioni dalla gamma ottimale.

Inoltre, è essenziale mantenere il substrato dei funghi Shiitake costantemente idratato durante tutto il ciclo di crescita. Ciò può richiedere l'irrigazione regolare del substrato con acqua pulita o l'impiego di tecniche di umidificazione come la copertura con teli umidi o l'uso di serbatoi d'acqua nel sistema di coltivazione. Tuttavia, è importante evitare un'eccessiva umidità, poiché ciò potrebbe favorire la crescita di muffe e batteri nocivi che possono danneggiare i funghi.

La gestione della temperatura è altrettanto critica per la salute e la crescita ottimale dei funghi Shiitake. Questi funghi prosperano in condizioni di temperatura moderate, con un intervallo ottimale compreso tra i 15°C e i 25°C. È importante mantenere una temperatura costante e controllata nell'ambiente di coltivazione, evitando variazioni improvvisi che potrebbero stressare i funghi e compromettere la produzione.

Per regolare la temperatura, è possibile utilizzare sistemi di riscaldamento e raffreddamento, come termoventilatori, scambiatori di calore o condizionatori d'aria, in base alle esigenze specifiche della coltivazione e alle condizioni ambientali esterne. Inoltre, l'isolamento adeguato delle strutture di coltivazione può contribuire a mantenere una temperatura stabile all'interno dell'ambiente di coltivazione.

Monitorare attentamente l'umidità e la temperatura e apportare le correzioni necessarie è essenziale per garantire una crescita sana e robusta dei funghi Shiitake e massimizzare la produzione nel lungo termine.

XVII. Propagazione e coltivazione dei funghi Shiitake su substrato

1. Selezione dei substrati ideali per la coltivazione dei funghi Shiitake

La selezione dei substrati rappresenta un passo fondamentale nella coltivazione dei funghi Shiitake, poiché influisce direttamente sulla qualità, la quantità e la salute del raccolto. I substrati costituiscono l'ambiente di crescita per il micelio del fungo e forniscono i nutrienti essenziali necessari per il suo sviluppo ottimale. Esistono diversi tipi di substrati utilizzati per la coltivazione dei funghi Shiitake, ognuno con caratteristiche specifiche che possono influenzare il risultato finale del processo colturale.

Tra i substrati più comunemente utilizzati per la coltivazione dei funghi Shiitake troviamo i trucioli di legno, provenienti da diverse specie arboree come quercia, faggio, acero e castagno. Questi trucioli, ottenuti da legno fresco o essiccato, forniscono un ambiente ricco di cellulosa e lignina, due componenti fondamentali che il micelio dei funghi Shiitake utilizza come fonte di nutrienti durante la sua crescita. La scelta del tipo di legno e la sua qualità influenzano la disponibilità di nutrienti e la capacità del micelio di colonizzare il substrato in modo efficace.

Inoltre, i trucioli di legno possono essere integrati con altri materiali organici, come segatura di legno, paglia, o fieno, al fine di migliorarne la struttura e la composizione chimica. Questa miscelazione può contribuire a fornire al micelio una gamma più ampia di nutrienti e migliorare la capacità del substrato di trattenere l'umidità, essenziale per la crescita ottimale dei funghi Shiitake.

Altri substrati utilizzati includono il substrato di segatura di legno, composti da trucioli di legno finemente macinati, spesso integrati con farina di mais o altri nutrienti, e il substrato di paglia, composto principalmente da paglia di cereali come grano, segale o orzo. Ogni tipo di substrato ha le proprie caratteristiche uniche e richiede specifiche tecniche di preparazione e gestione per ottenere risultati ottimali.

Nella scelta dei substrati, è importante considerare non solo la disponibilità locale e il costo, ma anche la compatibilità con le tecniche di coltivazione utilizzate e le esigenze specifiche del micelio dei funghi Shiitake. Un substrato ben selezionato e preparato correttamente può favorire una crescita sana e vigorosa del micelio, portando a una produzione abbondante e di alta qualità dei corpi fruttiferi.

2. Preparazione ottimale del substrato per la propagazione dei funghi Shiitake

La preparazione ottimale del substrato per la propagazione dei funghi Shiitake è un processo cruciale che richiede attenzione ai dettagli e precisione nelle operazioni. Prima di tutto, è essenziale selezionare e raccogliere i materiali necessari per la preparazione del substrato, tra cui trucioli di legno freschi o essiccati, segatura di legno, paglia e altri componenti organici, a seconda delle preferenze e delle risorse disponibili. Una volta ottenuti i materiali, è importante procedere con la loro lavorazione e preparazione accurata.

Il primo passo consiste nella triturazione o sminuzzamento dei trucioli di legno, se non già disponibili in forma adatta, al fine di ottenere una dimensione delle particelle uniforme e adatta alle esigenze del micelio dei funghi Shiitake. Questo processo può essere eseguito utilizzando un tritatutto o un mulino per legno, assicurandosi di ottenere trucioli finemente macinati senza polverizzazione eccessiva.

Successivamente, è necessario sterilizzare o pasteurizzare il substrato per eliminare eventuali agenti patogeni o concorrenti che potrebbero compromettere la crescita del micelio dei funghi Shiitake. La sterilizzazione può essere effettuata mediante trattamenti termici, come il vapore o il calore secco, mentre la pasteurizzazione può essere eseguita utilizzando acqua calda o composti chimici specifici, come la calce viva o il perossido di idrogeno diluito.

Dopo la sterilizzazione o la pasteurizzazione, il substrato deve essere lasciato raffreddare e asciugare adeguatamente prima di procedere con l'inoculazione del micelio dei funghi Shiitake. Questo periodo di riposo è fondamentale per consentire al substrato di raggiungere una temperatura e un'umidità ottimali per favorire l'insediamento e la crescita del micelio.

Una volta che il substrato è pronto, è possibile procedere con l'inoculazione del micelio, che può essere ottenuto da colonie di micelio coltivate in precedenza su substrati di agar o altri supporti. L'inoculazione può essere eseguita mediante diversi metodi, tra cui la dispersione del micelio su strati di substrato, l'utilizzo di spawn impregnati o l'inserimento di blocchi di micelio nei substrati preparati.

Infine, è importante mantenere il substrato in condizioni ottimali di temperatura e umidità durante il periodo di incubazione, al fine di favorire una crescita vigorosa e rapida del micelio dei funghi Shiitake. Questo può richiedere monitoraggio regolare e interventi tempestivi per garantire che le condizioni ambientali siano mantenute stabili e adatte alle esigenze del micelio.

Seguendo attentamente questi passaggi e adottando le pratiche migliori, è possibile ottenere substrati ottimamente preparati e pronti per la propagazione e la coltivazione dei funghi Shiitake, garantendo una produzione abbondante e di alta qualità.

3. Inoculazione precisa del substrato con micelio di Shiitake

L'inoculazione precisa del substrato con il micelio dei funghi Shiitake è un passaggio critico nel processo di coltivazione, poiché determina l'efficacia e la rapidità della colonizzazione del substrato stesso. Per garantire una propagazione ottimale del micelio, è fondamentale seguire una serie di procedure precise e accurate.

Prima di tutto, è importante assicurarsi che il micelio sia attivo e in buone condizioni di salute. Questo può essere verificato osservando la presenza di un colore bianco brillante e di una consistenza filamentosa nelle colonie di micelio. È consigliabile utilizzare micelio proveniente da fonti affidabili e sterilizzate per ridurre al minimo il rischio di contaminazioni.

Una volta preparato il substrato e ottenuto il micelio, è necessario procedere con l'inoculazione del substrato stesso. Questo può essere realizzato in diversi modi, a seconda delle preferenze e delle risorse disponibili. Una tecnica comune è la dispersione del micelio su strati uniformi di substrato, garantendo una copertura completa e uniforme del materiale.

Un'altra opzione è l'utilizzo di spawn impregnati, che sono particelle di substrato precedentemente colonizzate dal micelio. Questi spawn possono essere distribuiti all'interno del substrato in modo omogeneo, assicurando una distribuzione uniforme del micelio e una rapida colonizzazione del substrato.

Un'altra tecnica avanzata è l'inserimento di blocchi di micelio direttamente nel substrato. Questo metodo consente una propagazione rapida e concentrata del micelio all'interno del substrato stesso, riducendo al minimo il rischio di contaminazione esterna.

Indipendentemente dal metodo utilizzato, è fondamentale garantire una manipolazione accurata e igienica del micelio e del substrato durante l'inoculazione. È consigliabile indossare guanti sterili e mantenere un ambiente di lavoro pulito e privo di contaminanti per evitare possibili contaminazioni del substrato.

Una volta completata l'inoculazione, è importante mantenere il substrato in condizioni ottimali di temperatura e umidità per favorire una rapida colonizzazione del micelio e una crescita vigorosa dei funghi Shiitake. Monitorare regolarmente il progresso della colonizzazione e intervenire tempestivamente in caso di problemi o anomalie.

Seguendo attentamente queste procedure e adottando le pratiche migliori, è possibile ottenere una propagazione precisa e efficace del micelio dei funghi Shiitake, garantendo una produzione abbondante e di alta qualità.

4. Monitoraggio costante della crescita del micelio e gestione delle condizioni ambientali

Il monitoraggio costante della crescita del micelio e la gestione accurata delle condizioni ambientali sono fondamentali per il successo della coltivazione dei funghi. Durante il processo di inoculazione del substrato con il micelio, è essenziale osservare attentamente il suo sviluppo e assicurarsi che le condizioni siano ottimali per la sua proliferazione.

Per monitorare la crescita del micelio, è consigliabile utilizzare tecniche non invasive come l'osservazione visiva attraverso il contenitore di coltivazione trasparente o l'uso di microscopi per esaminare da vicino il progresso della colonizzazione del substrato. Inoltre, è possibile valutare la densità e l'aspetto del micelio per determinare la sua salute e vitalità.

Parallelamente al monitoraggio del micelio, è importante gestire attentamente le condizioni ambientali all'interno del luogo di coltivazione. Questo include la regolazione della temperatura, dell'umidità e della ventilazione per creare un ambiente favorevole alla crescita del micelio. È possibile utilizzare termometri e igrometri per monitorare accuratamente queste variabili e apportare eventuali regolazioni quando necessario.

Inoltre, è essenziale prestare particolare attenzione alla prevenzione delle contaminazioni durante la fase di crescita del micelio. Mantenere un ambiente pulito e sterile, utilizzare substrati di alta qualità e adottare pratiche igieniche rigorose possono contribuire a ridurre al minimo il rischio di contaminazione batterica o fungina che potrebbe compromettere la salute del micelio.

In conclusione, il monitoraggio costante della crescita del micelio e la gestione attenta delle condizioni ambientali sono cruciali per garantire una coltivazione di successo dei funghi. Con un'attenzione diligente ai dettagli e una gestione oculata delle variabili ambientali, è possibile ottenere una crescita robusta e sana del micelio, preparando il terreno per un raccolto abbondante e di alta qualità.

5. Tecniche avanzate per stimolare la fruttificazione dei funghi Shiitake

Le tecniche avanzate per stimolare la fruttificazione dei funghi Shiitake sono fondamentali per massimizzare il rendimento e la qualità del raccolto. Una delle strategie più efficaci è la manipolazione del ciclo di luce e oscurità, nota come fotoperiodo. Questo influisce direttamente sulla fase di fruttificazione dei funghi, poiché il ciclo luce/oscurità simula il cambio di stagione, inducendo la produzione di corpi fruttiferi.

Per implementare questa tecnica, è necessario utilizzare luci artificiali per simulare le condizioni di luce naturale in ambienti controllati. È importante impostare un fotoperiodo appropriato, che generalmente prevede 12-16 ore di luce seguite da 8-12 ore di oscurità. Questo schema può essere regolato in base alle specifiche esigenze dei funghi Shiitake e alle condizioni ambientali.

Inoltre, è possibile utilizzare altri fattori ambientali per stimolare la fruttificazione, come la ventilazione e l'umidità. Una corretta circolazione dell'aria all'interno del luogo di coltivazione favorisce lo sviluppo dei corpi fruttiferi, mentre un'umidità adeguata contribuisce a mantenere il substrato idratato e favorevole alla crescita dei funghi.

È anche importante considerare la qualità del substrato utilizzato e la presenza di nutrienti essenziali per sostenere la fruttificazione. Un substrato ben bilanciato, arricchito con composti organici e nutrienti, fornisce alle micelio le risorse necessarie per sviluppare corpi fruttiferi sani e robusti.

Infine, la gestione delle malattie e delle infestazioni fungine è cruciale per proteggere i funghi Shiitake durante la fase di fruttificazione. Pratiche di igiene rigorose, monitoraggio costante della salute dei funghi e l'uso di trattamenti preventivi possono aiutare a prevenire problemi e garantire un raccolto di alta qualità.

In sintesi, l'adozione di tecniche avanzate per stimolare la fruttificazione dei funghi Shiitake richiede un approccio oculato e una comprensione approfondita dei processi biologici coinvolti. Con una corretta gestione delle condizioni ambientali, l'applicazione di strategie mirate e una cura attenta, è possibile ottenere un raccolto abbondante e di alta qualità di funghi Shiitake.

6. Raccolta e conservazione dei corpi fruttiferi di Shiitake

La raccolta e la conservazione dei corpi fruttiferi di Shiitake richiedono una cura particolare per garantire che i funghi mantengano la loro freschezza e qualità dopo il raccolto. Una corretta procedura di raccolta è fondamentale per ottenere funghi saporiti e nutrienti, mentre la conservazione adeguata aiuta a prolungare la loro durata e a preservarne il sapore e la consistenza.

Prima di procedere con la raccolta, è importante valutare attentamente la maturità dei corpi fruttiferi. I funghi Shiitake sono migliori quando vengono raccolti prima che le lamelle sotto il cappello si aprano completamente. In genere, questo avviene quando il cappello è ancora leggermente chiuso, ma completamente formato e spesso.

Per raccogliere i funghi, è consigliabile utilizzare un coltello affilato per tagliare delicatamente il gambo vicino alla base del fungo. È importante evitare di strappare i funghi dal substrato per prevenire danni al micelio sottostante e garantire una ricrescita successiva.

Dopo il raccolto, i funghi Shiitake devono essere conservati correttamente per mantenere la loro freschezza e sapore. Un modo efficace per conservarli è avvolgerli in carta assorbente umida e conservarli nel cassetto inferiore del frigorifero, dove le temperature sono più fresche e costanti.

È anche possibile conservare i funghi Shiitake essiccati o congelati per prolungarne la conservazione. Per essiccare i funghi, basta tagliarli a fette sottili e disporli su un vassoio in un luogo fresco e asciutto fino a quando non diventano croccanti. Per il congelamento, è consigliabile tagliare i funghi e congelarli su un vassoio prima di trasferirli in sacchetti sigillati per un facile utilizzo futuro.

Indipendentemente dal metodo di conservazione scelto, è importante consumare i funghi Shiitake raccolti o conservati entro pochi giorni per garantire la massima freschezza e qualità. Seguire queste pratiche consente di godere appieno dei deliziosi sapori e dei benefici per la salute dei funghi Shiitake in cucina.

7. Strategie per ottimizzare la coltivazione dei funghi Shiitake su substrato

Per ottimizzare la coltivazione dei funghi Shiitake su substrato, è essenziale adottare una serie di strategie mirate che tengano conto delle esigenze specifiche di questo tipo di fungo e dell'ambiente in cui viene coltivato. Le seguenti strategie possono essere utilizzate per massimizzare la resa e garantire la salute dei funghi Shiitake:

1. **Selezione del substrato:** La scelta del substrato giusto è fondamentale per una coltivazione di successo dei funghi Shiitake. Materiali come trucioli di legno, paglia, segatura o miscugli di tali materiali possono essere utilizzati come substrati, con ciascuno che offre vantaggi specifici in termini di nutrimento e ambiente per la crescita del micelio.

2. **Sterilizzazione del substrato:** Prima dell'inoculazione del micelio di Shiitake, è importante sterilizzare il substrato per eliminare eventuali contaminanti che potrebbero competere con il fungo per i nutrienti. La sterilizzazione può essere effettuata attraverso metodi come la cottura a vapore o l'autoclave.

3. **Inoculazione precisa:** Durante l'inoculazione del substrato con il micelio di Shiitake, è importante garantire una distribuzione uniforme del micelio per massimizzare la colonizzazione del substrato. Questo può essere ottenuto utilizzando tecniche come la distribuzione uniforme del micelio o l'impiego di strumenti specializzati.

4. **Gestione delle condizioni ambientali:** Il controllo delle condizioni ambientali come temperatura, umidità e ventilazione è essenziale per favorire una crescita ottimale dei funghi Shiitake. Monitorare regolarmente queste condizioni e apportare eventuali correzioni quando necessario può aiutare a mantenere un ambiente favorevole alla crescita del fungo.

5. **Gestione della luce:** Sebbene i funghi Shiitake siano principalmente coltivati in condizioni di buio, è importante fornire una breve esposizione alla luce per stimolare la formazione dei corpi fruttiferi. Un ciclo giornaliero di luce e oscurità può essere implementato per imitare le condizioni naturali e promuovere una fruttificazione efficace.

6. **Monitoraggio della salute del micelio:** Osservare regolarmente il micelio per eventuali segni di contaminazione o malattia è cruciale per prevenire problemi futuri e intervenire tempestivamente se necessario. Sintomi come cambiamenti di colore, odori sgradevoli o crescita anomala devono essere monitorati attentamente e trattati di conseguenza.

7. **Pratiche di manutenzione del substrato:** Durante il ciclo di crescita dei funghi Shiitake, è importante mantenere il substrato adeguatamente idratato e ossigenato per favorire una crescita sana e vigorosa. Pratiche come l'irrigazione regolare e la miscelazione del substrato possono contribuire a garantire condizioni ottimali per la crescita del micelio.

8. **Pronto intervento in caso di problemi:** Infine, è essenziale essere pronti a intervenire rapidamente in caso di problemi come contaminazioni o malfunzionamenti dell'ambiente di coltivazione. Avere un piano d'azione definito e familiarizzare con le tecniche di risoluzione dei problemi può aiutare a minimizzare i danni e a mantenere la produzione di funghi Shiitake su substrato su un percorso di successo.

8. Cure e manutenzione: gestione accurata dell'umidità e della temperatura

La gestione accurata dell'umidità e della temperatura è fondamentale per garantire la salute e la produttività dei funghi Shiitake coltivati su substrato. Poiché questi funghi sono sensibili alle variazioni ambientali, è essenziale adottare una serie di cure e pratiche di manutenzione mirate per mantenere condizioni ottimali di crescita. Di seguito sono riportate alcune linee guida pratiche per gestire con precisione l'umidità e la temperatura durante il processo di coltivazione dei funghi Shiitake:

1. **Monitoraggio costante:** Prima di tutto, è importante monitorare regolarmente i livelli di umidità e temperatura all'interno dell'ambiente di coltivazione. Questo può essere fatto utilizzando strumenti come igrometri e termometri per garantire che i parametri rimangano entro i range ottimali per la crescita dei funghi.

2. **Regolazione dell'umidità:** Gli Shiitake prosperano in ambienti con un'umidità relativa elevata, idealmente compresa tra il 75% e l'85%. Per mantenere tali condizioni, è possibile utilizzare tecniche come nebulizzazione, irrigazione o l'utilizzo di dispositivi per il controllo dell'umidità. Inoltre, è importante evitare l'accumulo di condensa sulle pareti dell'ambiente di coltivazione, poiché ciò potrebbe favorire la crescita di muffe e batteri dannosi.

3. **Controllo della temperatura:** La temperatura ottimale per la crescita dei funghi Shiitake varia tra i 18°C e i 24°C. È importante mantenere una temperatura stabile all'interno dell'area di coltivazione e evitare fluttuazioni improvvisi che potrebbero stressare il fungo. Per raggiungere questo obiettivo, è possibile utilizzare sistemi di riscaldamento, raffreddamento o isolamento termico, a seconda delle esigenze specifiche dell'ambiente di coltivazione.

4. **Ventilazione adeguata:** Per prevenire l'accumulo di umidità e il surriscaldamento, è essenziale garantire una buona ventilazione all'interno dell'area di coltivazione. Questo può essere ottenuto attraverso l'installazione di ventilatori o aperture regolabili che consentono il flusso d'aria. La ventilazione aiuta anche a migliorare lo scambio di gas all'interno del substrato, favorendo una crescita sana e vigorosa del micelio.

5. **Isolamento e protezione:** Durante i periodi di temperatura estrema, sia invernali che estivi, è importante isolare adeguatamente l'area di coltivazione per proteggere i funghi Shiitake da sbalzi termici eccessivi. L'utilizzo di materiali isolanti come polistirolo espanso o pannelli termoisolanti può contribuire a mantenere una temperatura più stabile all'interno dell'ambiente di coltivazione.

6. **Adattamento alle esigenze stagionali:** Poiché le esigenze di umidità e temperatura dei funghi Shiitake possono variare a seconda delle stagioni, è importante adattare le pratiche di gestione dell'ambiente di coltivazione di conseguenza. Ad esempio, durante i mesi più caldi dell'anno, potrebbe essere necessario aumentare la ventilazione e ridurre l'umidità per evitare problemi legati al surriscaldamento, mentre durante i mesi più freddi potrebbe essere necessario aumentare il riscaldamento e mantenere livelli più elevati di umidità per favorire una crescita ottimale.

Implementando queste pratiche di gestione accurata dell'umidità e della temperatura, i coltivatori possono creare un ambiente ottimale per la coltivazione dei funghi Shiitake su substrato, garantendo una produzione abbondante e di alta qualità.

XVIII. Cure e manutenzione dei funghi Shiitake: gestione della luce e della ventilazione

1. Importanza della luce nella coltivazione dei funghi Shiitake

L'importanza della luce nella coltivazione dei funghi Shiitake è un elemento cruciale spesso sottovalutato ma fondamentale per il loro sviluppo ottimale. I funghi Shiitake, come molte altre piante e organismi fungini, dipendono dalla luce per attivare processi biologici chiave come la fotosintesi e la produzione di nutrienti. Anche se i funghi non producono clorofilla come le piante verdi, sono sensibili alla luce e utilizzano le sue variazioni per regolare il loro ciclo di crescita e sviluppo.

La luce influisce direttamente sulla formazione dei corpi fruttiferi dei funghi Shiitake, poiché stimola la produzione di composti chimici come la vitamina D, che è essenziale per la loro crescita sana e per la formazione di carpofori di alta qualità. Inoltre, la luce influenza la morfologia dei funghi, determinando la loro dimensione, forma e colore. I funghi Shiitake esposti a una quantità ottimale di luce tendono ad avere corpi fruttiferi più grandi, più robusti e con una pigmentazione migliore, il che li rende più attraenti e appetibili sul mercato.

Un'altra ragione per cui la luce è cruciale nella coltivazione dei funghi Shiitake è il suo ruolo nella regolazione del ciclo di crescita. I funghi Shiitake hanno un ciclo di crescita che può essere suddiviso in diverse fasi, tra cui la fase di colonizzazione del substrato, la fase di sviluppo del micelio e la fase di fruttificazione. La quantità e la qualità della luce possono influenzare il passaggio da una fase all'altra, accelerando o ritardando il processo di crescita dei funghi Shiitake. Una corretta esposizione alla luce può aiutare a sincronizzare e ottimizzare le fasi di crescita, garantendo una produzione costante e uniforme dei corpi fruttiferi.

Per garantire una crescita ottimale dei funghi Shiitake, è fondamentale fornire una fonte di luce adeguata e ben controllata. Ciò può essere ottenuto attraverso l'uso di luci artificiali, come lampade a LED o lampade fluorescenti, che possono essere regolate per emettere la quantità e il tipo di luce necessari in base alle esigenze specifiche dei funghi Shiitake. Inoltre, è importante considerare la durata e l'intensità della luce, nonché il suo spettro di colore, poiché ogni parametro può influenzare diversi aspetti della crescita dei funghi Shiitake.

In sintesi, l'importanza della luce nella coltivazione dei funghi Shiitake non può essere sottovalutata. Una corretta gestione della luce può contribuire in modo significativo a una crescita sana e vigorosa dei funghi Shiitake, migliorando la qualità e la quantità dei loro corpi fruttiferi e garantendo una produzione stabile nel tempo.

2. Ottimizzazione della luminosità per una crescita vigorosa dei Shiitake

Per ottenere una crescita vigorosa dei funghi Shiitake, è essenziale ottimizzare la luminosità dell'ambiente di coltivazione. La luce gioca un ruolo fondamentale nel determinare la salute e la produttività dei funghi Shiitake, quindi è importante adottare strategie mirate per garantire che ricevano la quantità ottimale di luce necessaria per il loro sviluppo ottimale.

Prima di tutto, è importante considerare la fonte di luce utilizzata. Le lampade a LED sono spesso la scelta preferita per la coltivazione dei funghi Shiitake, poiché offrono un'elevata efficienza energetica e possono essere regolate per emettere specifici spettri di luce che favoriscono la crescita dei funghi. Le lampade fluorescenti sono un'alternativa comune e possono essere utilizzate con successo per fornire luce ai funghi Shiitake, purché siano scelti i tubi fluorescenti giusti con uno spettro di luce adatto alle esigenze dei funghi.

La posizione e l'orientamento delle lampade sono anche fattori critici da considerare per ottimizzare la luminosità. Le lampade dovrebbero essere posizionate in modo da coprire uniformemente l'intera area di coltivazione e dovrebbero essere sospese a un'altezza adeguata per garantire che la luce raggiunga tutti i livelli del substrato dei funghi Shiitake. Inoltre, è consigliabile regolare l'orientamento delle lampade in base alla stagione e all'angolo del sole per massimizzare l'esposizione alla luce naturale e ridurre al minimo l'ombreggiamento delle lampade.

La durata e l'intensità della luce sono altri due aspetti importanti da considerare. I funghi Shiitake hanno bisogno di una quantità sufficiente di luce per garantire una crescita vigorosa, ma è importante evitare l'esposizione eccessiva alla luce diretta, che potrebbe causare danni o stress alle colonie di micelio. In generale, è consigliabile fornire ai funghi Shiitake una media di 10-12 ore di luce al giorno, mantenendo un ciclo regolare di illuminazione per simulare le condizioni naturali di luce del giorno e della notte.

Infine, è importante monitorare attentamente la luminosità dell'ambiente di coltivazione e regolare di conseguenza le impostazioni delle lampade per mantenere livelli ottimali di illuminazione durante tutto il ciclo di crescita dei funghi Shiitake. Un controllo regolare della luminosità può contribuire in modo significativo a garantire una crescita vigorosa e una produzione abbondante di corpi fruttiferi di alta qualità.

3. Tecniche per la gestione efficace della ventilazione nell'ambiente di coltivazione

La corretta gestione della ventilazione nell'ambiente di coltivazione dei funghi Shiitake è essenziale per garantire condizioni ottimali di crescita e per prevenire problemi legati all'umidità e alla qualità dell'aria. Una ventilazione efficace aiuta a mantenere un ambiente fresco e ben aerato, promuovendo così la salute e la produttività dei funghi Shiitake. Ecco alcune tecniche pratiche per gestire la ventilazione in modo efficace:

1. **Ventilazione naturale:** Utilizzare finestre, porte e aperture per favorire il passaggio dell'aria all'interno dell'ambiente di coltivazione. Posizionare le finestre in modo strategico per favorire il flusso d'aria attraverso l'intera area di coltivazione.

2. **Ventilazione forzata:** Installare ventilatori o sistemi di ventilazione meccanica per migliorare il flusso d'aria all'interno dell'ambiente di coltivazione. I ventilatori possono essere posizionati strategicamente per garantire una distribuzione uniforme dell'aria e per evitare la formazione di punti morti.

3. **Monitoraggio dell'umidità:** Utilizzare strumenti di monitoraggio dell'umidità dell'aria per tenere sotto controllo i livelli di umidità nell'ambiente di coltivazione. Mantenere l'umidità relativa tra il 70% e il 90% durante la fase di crescita dei funghi Shiitake può aiutare a promuovere una crescita sana e vigorosa.

4. **Controllo della temperatura:** La temperatura dell'aria all'interno dell'ambiente di coltivazione deve essere mantenuta tra i 18°C e i 24°C per favorire la crescita ottimale dei funghi Shiitake. Utilizzare sistemi di riscaldamento e raffreddamento, se necessario, per mantenere temperature stabili e controllate.

5. **Aerazione del substrato:** Assicurarsi che il substrato utilizzato per la coltivazione dei funghi Shiitake sia ben aerato. Utilizzare substrati porosi e leggeri che consentano il passaggio dell'aria attraverso il substrato e favoriscano lo sviluppo delle radici dei funghi.

6. **Controllo delle malattie:** Una corretta ventilazione può contribuire a prevenire la formazione di condizioni favorevoli allo sviluppo di malattie fungine e batteriche. Mantenere un buon flusso d'aria riduce l'umidità e il rischio di accumulo di patogeni nell'ambiente di coltivazione.

7. **Programmazione della ventilazione:** Stabilire un programma regolare per l'attivazione e la disattivazione dei sistemi di ventilazione in base alle esigenze stagionali e alle condizioni climatiche. Ad esempio, durante i mesi più caldi, potrebbe essere necessario aumentare la ventilazione per mantenere temperature fresche, mentre durante i mesi più freddi potrebbe essere necessario ridurla per evitare un eccessivo raffreddamento dell'ambiente.

Implementando queste tecniche di gestione della ventilazione, è possibile creare un ambiente ottimale per la coltivazione dei funghi Shiitake, favorendo una crescita sana, una produzione abbondante e la prevenzione di problemi legati all'umidità e alla qualità dell'aria.

4. Impatto della ventilazione sulla salute e sulla produttività dei funghi Shiitake

La corretta gestione della ventilazione ha un impatto significativo sulla salute e sulla produttività dei funghi Shiitake coltivati. Una ventilazione adeguata assicura un'adeguata circolazione dell'aria all'interno dell'ambiente di coltivazione, influenzando direttamente diversi aspetti chiave del processo di crescita dei funghi. Ecco alcuni dei principali impatti della ventilazione sulla salute e sulla produttività dei funghi Shiitake:

1. **Ossigenazione del micelio:** La ventilazione fornisce una corretta ossigenazione del micelio, la rete di filamenti fungini responsabile della crescita e dello sviluppo dei funghi Shiitake. Un adeguato apporto di ossigeno favorisce la vitalità e la salute del micelio, promuovendo una crescita vigorosa dei funghi.

2. **Riduzione dell'umidità e prevenzione delle malattie:** Una ventilazione efficace contribuisce a ridurre l'umidità e l'accumulo di condensa all'interno dell'ambiente di coltivazione. L'umidità eccessiva può favorire la formazione di malattie fungine e batteriche, come la muffa, che possono danneggiare i funghi Shiitake e ridurne la produttività. Mantenere un ambiente ben ventilato aiuta a prevenire tali problemi e a garantire la salute delle piante.

3. **Regolazione della temperatura:** La ventilazione aiuta a regolare la temperatura all'interno dell'ambiente di coltivazione, evitando sia raffreddamenti eccessivi che surriscaldamenti. Temperature troppo elevate o troppo basse possono influenzare negativamente la crescita e lo sviluppo dei funghi Shiitake. Una corretta ventilazione consente di mantenere temperature ottimali per la crescita dei funghi, promuovendo una produzione sana e abbondante.

4. **Distribuzione uniforme dei nutrienti:** Una ventilazione adeguata aiuta a garantire una distribuzione uniforme dei nutrienti nel substrato utilizzato per la coltivazione dei funghi Shiitake. Questo è particolarmente importante durante la fase di inoculazione del micelio, quando è essenziale che il substrato sia ben aerato e che il micelio possa diffondersi uniformemente.

5. **Aumento della produttività:** Una corretta gestione della ventilazione può portare a un aumento della produttività complessiva dei funghi Shiitake coltivati. Un ambiente ben ventilato fornisce alle piante le condizioni ottimali per crescere rapidamente e produrre corpi fruttiferi sani e abbondanti.

In definitiva, la ventilazione gioca un ruolo fondamentale nel garantire la salute e la produttività dei funghi Shiitake coltivati. Gestire attentamente la ventilazione all'interno dell'ambiente di coltivazione è essenziale per massimizzare la resa e ottenere risultati di alta qualità nella coltivazione dei funghi Shiitake.

5. Regolazione della temperatura e dell'umidità attraverso una ventilazione controllata

La regolazione accurata della temperatura e dell'umidità attraverso una ventilazione controllata è cruciale per garantire un ambiente ottimale per la coltivazione dei funghi Shiitake. Questo processo richiede una serie di tecniche e strategie volte a mantenere condizioni climatiche stabili e adatte alla crescita dei funghi. Ecco alcuni approcci pratici per regolare la temperatura e l'umidità mediante una ventilazione controllata:

1. **Monitoraggio costante:** È fondamentale monitorare costantemente la temperatura e l'umidità all'interno dell'ambiente di coltivazione. Questo può essere fatto utilizzando termometri e igrometri accurati posizionati strategicamente in diverse aree del sistema di coltivazione.

2. **Ventilazione naturale:** Utilizzare aperture regolabili, finestre o lucernari per consentire il passaggio dell'aria fresca all'interno dell'ambiente di coltivazione. La ventilazione naturale permette di regolare la temperatura e l'umidità in modo efficace senza l'uso di dispositivi meccanici.

3. **Sistemi di ventilazione meccanica:** Nei casi in cui la ventilazione naturale non sia sufficiente, è possibile utilizzare sistemi di ventilazione meccanica, come ventilatori o sistemi di ventilazione forzata. Questi dispositivi consentono di controllare in modo preciso il flusso d'aria e di regolare la temperatura e l'umidità secondo le esigenze dei funghi Shiitake.

4. **Umidificatori e deumidificatori:** Per regolare l'umidità relativa dell'ambiente, è possibile utilizzare umidificatori o deumidificatori. Gli umidificatori aumentano l'umidità dell'aria quando necessario, mentre i deumidificatori ne riducono l'umidità in eccesso.

5. **Termoregolatori:** I termoregolatori consentono di controllare la temperatura all'interno dell'ambiente di coltivazione, attivando o disattivando i dispositivi di riscaldamento o raffreddamento in base alle necessità. Questi dispositivi garantiscono che la temperatura rimanga costante e ottimale per la crescita dei funghi Shiitake.

6. **Gestione della ventilazione notturna:** Durante le ore notturne, quando le temperature tendono a scendere, è importante regolare la ventilazione per evitare sbalzi termici eccessivi all'interno dell'ambiente di coltivazione. Una corretta gestione della ventilazione notturna contribuisce a mantenere condizioni stabili e favorevoli per i funghi Shiitake.

In sintesi, una ventilazione controllata è essenziale per regolare la temperatura e l'umidità durante la coltivazione dei funghi Shiitake. Utilizzando una combinazione di tecniche e dispositivi, è possibile creare un ambiente ottimale che favorisca una crescita sana e produttiva dei funghi.

6. Utilizzo di dispositivi e sistemi per migliorare la circolazione dell'aria nei coltivatori di Shiitake

Migliorare la circolazione dell'aria all'interno dei coltivatori di Shiitake è cruciale per garantire un ambiente ottimale per la crescita e la salute dei funghi. Esistono diversi dispositivi e sistemi progettati appositamente per favorire una ventilazione efficace e una distribuzione uniforme dell'aria all'interno dell'ambiente di coltivazione. Ecco alcune tecniche pratiche e dispositivi utilizzati per migliorare la circolazione dell'aria nei coltivatori di Shiitake:

1. *Ventilatori a soffitto:** L'utilizzo di ventilatori a soffitto è un metodo efficace per migliorare la circolazione dell'aria in modo uniforme in tutto lo spazio del coltivatore. Posizionando strategicamente i ventilatori lungo il soffitto, è possibile promuovere il movimento dell'aria e prevenire la formazione di zone morte o stagnanti.

2. **Ventilatori oscillanti:** I ventilatori oscillanti sono dispositivi che ruotano su un asse orizzontale per distribuire l'aria in modo uniforme in diverse direzioni. Posizionando i ventilatori oscillanti in punti strategici all'interno del coltivatore, è possibile garantire una circolazione dell'aria ottimale in tutte le aree di crescita dei funghi Shiitake.

3. **Sistemi di ventilazione forzata:** I sistemi di ventilazione forzata utilizzano ventilatori o condotti per aspirare e distribuire l'aria in modo controllato all'interno del coltivatore. Questi sistemi sono particolarmente utili per regolare la temperatura e l'umidità e per prevenire la formazione di muffe e malattie fungine.

4. **Ventilazione a zavorra termica:** Questa tecnica sfrutta la differenza di temperatura tra l'aria all'interno e all'esterno del coltivatore per promuovere la circolazione dell'aria. Utilizzando aperture regolabili posizionate strategicamente lungo le pareti del coltivatore, è possibile creare un flusso d'aria naturale che favorisce la ventilazione e la ricircolazione dell'aria.

5. **Sistemi di scarico e di ingresso dell'aria:** Assicurarsi che il coltivatore sia dotato di adeguati sistemi di scarico e di ingresso dell'aria è essenziale per garantire una circolazione efficace. Gli scarichi devono essere posizionati in modo da favorire il flusso d'aria verso l'esterno, mentre gli ingressi dell'aria fresca devono essere posizionati in modo strategico per favorire l'ingresso dell'aria pulita e fresca.

6. **Monitoraggio continuo:** È importante monitorare continuamente la circolazione dell'aria all'interno del coltivatore per identificare eventuali aree con scarsa ventilazione o stagnanti. Attraverso l'uso di sensori e strumenti di monitoraggio, è possibile regolare e ottimizzare i dispositivi e i sistemi di ventilazione per massimizzare la circolazione dell'aria e garantire condizioni ottimali per la crescita dei funghi Shiitake.

Implementando queste tecniche e utilizzando i dispositivi e i sistemi appropriati, è possibile migliorare significativamente la circolazione dell'aria nei coltivatori di Shiitake, creando un ambiente ideale per una crescita sana e produttiva dei funghi.

7. Effetti dell'eccesso o della carenza di ventilazione sui funghi Shiitake e sul loro ciclo di vita

L'eccesso o la carenza di ventilazione possono avere un impatto significativo sulla salute e sul ciclo di vita dei funghi Shiitake coltivati. È importante comprendere gli effetti di tali condizioni estreme e adottare misure preventive per mantenere un ambiente ottimale di crescita. Vediamo quindi in dettaglio quali sono gli effetti di eccesso o carenza di ventilazione:

Effetti dell'eccesso di ventilazione:

1. **Essiccamento dei corpi fruttiferi:** Un'eccessiva ventilazione può portare a una rapida evaporazione dell'umidità all'interno del coltivatore, causando il seccamento dei corpi fruttiferi dei funghi Shiitake. Questo può compromettere la qualità e la freschezza dei funghi, riducendone il valore commerciale e la durata di conservazione.

2. **Stress idrico:** L'eccessiva ventilazione può comportare uno stress idrico per i funghi Shiitake, poiché li espone a un ambiente caratterizzato da un'umidità relativa troppo bassa. Questo può influenzare negativamente il loro metabolismo e la loro crescita, riducendo la produttività complessiva del coltivatore.

3. **Esposizione a agenti patogeni:** Una ventilazione eccessiva può favorire l'ingresso di agenti patogeni dall'esterno, aumentando il rischio di contaminazione fungina e batterica all'interno del coltivatore. Questo può portare a malattie e infezioni che compromettono la salute e la vitalità dei funghi Shiitake.

Effetti della carenza di ventilazione:

1. **Accumulo di anidride carbonica (CO2):** La carenza di ventilazione può portare all'accumulo di anidride carbonica (CO2) all'interno del coltivatore. Un'elevata concentrazione di CO2 può ostacolare la respirazione dei funghi Shiitake e rallentare la loro crescita e sviluppo.

2. **Aumento dell'umidità:** La mancanza di ventilazione può causare un aumento dell'umidità relativa all'interno del coltivatore, creando un ambiente favorevole alla formazione di muffe e funghi indesiderati. Questo può compromettere la qualità e la salubrità dei funghi Shiitake e ridurne la resa complessiva.

3. **Stagnazione dell'aria:** La carenza di ventilazione può provocare la stagnazione dell'aria all'interno del coltivatore, creando zone con scarsa circolazione dell'aria. Questo può favorire la formazione di condense e la proliferazione di microrganismi dannosi, compromettendo la salute e la vitalità dei funghi Shiitake.

In conclusione, è fondamentale mantenere un equilibrio ottimale nella ventilazione all'interno del coltivatore di Shiitake per garantire condizioni di crescita ottimali e massimizzare la produzione di funghi di alta qualità. Monitorare attentamente la ventilazione e adottare le misure correttive necessarie è essenziale per il successo della coltivazione dei funghi Shiitake.

8. Strategie per ottimizzare la luce e la ventilazione per una coltivazione di successo dei Shiitake

Per ottenere una coltivazione di successo dei funghi Shiitake, è fondamentale adottare strategie mirate per ottimizzare sia la luce che la ventilazione all'interno dell'ambiente di coltivazione. Vediamo quindi alcune strategie pratiche e efficaci per raggiungere questo obiettivo:

1. **Posizionamento delle fonti luminose:** È importante posizionare le fonti luminose in modo strategico all'interno del coltivatore di Shiitake per garantire una distribuzione uniforme della luce su tutta la superficie di coltivazione. Utilizzare lampade a LED regolabili in intensità e posizionarle ad altezze variabili per adattarsi alle diverse fasi di crescita dei funghi.

2. **Utilizzo di teli riflettenti:** Per massimizzare l'efficienza luminosa e ridurre al minimo le perdite di luce, è consigliabile rivestire le pareti interne del coltivatore con materiali riflettenti, come teli mylar o fogli di alluminio. Questi materiali rifletteranno la luce sulle superfici delle piante, aumentando così l'intensità luminosa disponibile per i funghi Shiitake.

3. **Controllo della durata e dell'intensità della luce:** Regolare con precisione la durata e l'intensità della luce è essenziale per stimolare la crescita e la fruttificazione dei funghi Shiitake. Utilizzare timer programmabili per garantire cicli di illuminazione ottimali, con periodi di luce e oscurità ben definiti in base alle esigenze specifiche dei funghi.

4. **Ventilazione controllata:** Implementare un sistema di ventilazione controllata per garantire una circolazione dell'aria adeguata all'interno del coltivatore. Utilizzare ventilatori regolabili per favorire una distribuzione uniforme dell'aria e prevenire la formazione di zone con scarsa ventilazione. Posizionare gli ingressi e le uscite d'aria strategicamente per massimizzare il flusso d'aria e ridurre al minimo gli angoli morti.

5. **Monitoraggio costante delle condizioni ambientali:** Utilizzare sensori e dispositivi di monitoraggio per controllare costantemente le condizioni ambientali all'interno del coltivatore, compresa la temperatura, l'umidità e la qualità dell'aria. Impostare allarmi automatici per segnalare eventuali variazioni anomale e intervenire prontamente per correggere le condizioni non ottimali.

6. **Manutenzione e pulizia regolari:** Mantenere pulito e ben mantenuto il sistema di illuminazione e ventilazione è essenziale per garantire il corretto funzionamento e massimizzare l'efficienza. Effettuare regolarmente la pulizia dei ventilatori, sostituire le lampade danneggiate o consumate e verificare lo stato di funzionamento dei sensori per assicurarsi che tutto sia in perfetto ordine.

Implementare queste strategie di ottimizzazione della luce e della ventilazione consentirà di creare un ambiente di coltivazione ideale per i funghi Shiitake, promuovendo una crescita sana e vigorosa e massimizzando la produzione di funghi di alta qualità.

XIX. Raccolta e conservazione dei funghi Shiitake

1. Tecniche di raccolta ottimali per i funghi Shiitake

Quando si tratta di raccogliere i funghi Shiitake, è essenziale adottare tecniche precise per garantire una raccolta ottimale e massimizzare la resa di questo prelibato fungo. Innanzitutto, è importante individuare il momento giusto per la raccolta, poiché i Shiitake devono essere raccolti quando le loro cappelle sono mature ma non ancora completamente aperte. Questo momento varia a seconda della crescita del fungo e delle condizioni ambientali, ma di solito si situa intorno ai 5-7 giorni dopo l'inoculazione del substrato. Per individuare il momento ideale, è necessario osservare attentamente i funghi sulla base del colore e della dimensione delle cappelle, evitando di aspettare troppo a lungo, quando le cappelle iniziano a schiudersi completamente, poiché questo può compromettere la qualità del raccolto.

Una volta individuati i funghi pronti per la raccolta, è importante utilizzare strumenti puliti e affilati, come un coltello da funghi o delle forbici a punta, per tagliare delicatamente i funghi alla base del gambo, evitando di danneggiare il substrato circostante o i funghi vicini. È consigliabile raccogliere i funghi Shiitake uno alla volta, evitando di tirarli via con forza per non danneggiare il micelio sottostante o la struttura del fungo stesso.

Durante la raccolta, è fondamentale prestare attenzione a eventuali segni di deperimento o malattia sui funghi, scartando quelli che mostrano segni di muffa, macchie o danni evidenti. Solo i funghi sani e robusti devono essere raccolti e utilizzati per la conservazione o il consumo immediato.

Infine, è consigliabile raccogliere i funghi Shiitake in modo regolare, seguendo un programma di raccolta pianificato in base alla loro crescita e alla domanda del mercato. Questo permette di mantenere una produzione costante e di evitare sprechi dovuti alla sovracrescita dei funghi. Seguendo attentamente queste tecniche di raccolta, è possibile ottenere un raccolto di Shiitake di alta qualità, soddisfacendo sia i requisiti di freschezza che quelli di resa.

2. Conservazione a lungo termine dei funghi Shiitake: strategie efficaci

La conservazione a lungo termine dei funghi Shiitake è essenziale per garantire che mantengano la loro freschezza, sapore e valore nutrizionale nel corso del tempo. Esistono diverse strategie efficaci per conservare i funghi Shiitake in modo ottimale, permettendo così di godere dei loro benefici per un periodo prolungato.

Una delle tecniche più comuni e pratiche per conservare i funghi Shiitake è la disidratazione. Questo processo coinvolge la rimozione dell'umidità dai funghi attraverso l'uso di un essiccatore o di un forno a bassa temperatura. I funghi disidratati possono essere conservati in sacchetti o contenitori ermetici e mantenuti in un luogo fresco e asciutto. La disidratazione non solo prolunga la durata di conservazione dei funghi Shiitake, ma concentra anche il loro sapore, rendendoli ideali per l'uso in zuppe, stufati, condimenti e altri piatti.

Un'altra tecnica efficace per conservare i funghi Shiitake è la conservazione sott'olio. In questo metodo, i funghi vengono prima saltati leggermente in padella con olio d'oliva e spezie, quindi sono immersi completamente in olio d'oliva e sigillati in barattoli ermetici. La presenza di olio crea un ambiente inospitale per i batteri e gli agenti patogeni, contribuendo così a preservare la freschezza dei funghi per un periodo più lungo. I funghi sott'olio possono essere conservati in frigorifero e utilizzati come condimento per insalate, piatti di pasta o come antipasto.

Per coloro che preferiscono una conservazione più tradizionale, i funghi Shiitake possono anche essere sottoposti alla salamoia. Questo metodo coinvolge l'immersione dei funghi in una soluzione di acqua, sale e aceto, che agisce come conservante naturale. I funghi sottoposti alla salamoia possono essere conservati in barattoli sterilizzati e mantenuti in un luogo fresco e buio. La salamoia non solo prolunga la durata di conservazione dei funghi, ma conferisce loro anche un sapore unico e leggermente acido, che li rende deliziosi in insalate, panini e piatti a base di carne.

Indipendentemente dal metodo scelto, è importante seguire le giuste procedure di preparazione e conservazione per garantire la sicurezza e la qualità dei funghi Shiitake conservati. Rispettando queste strategie efficaci, è possibile godere della bontà dei funghi Shiitake anche dopo diversi mesi dalla raccolta.

3. Preparazione dei funghi Shiitake per la conservazione

La corretta preparazione dei funghi Shiitake prima della conservazione è fondamentale per garantire che mantengano la loro qualità e freschezza nel tempo. Seguire i passaggi appropriati per la preparazione dei funghi Shiitake prima della conservazione può contribuire significativamente a prolungarne la durata di conservazione e a preservarne il sapore e le proprietà nutritive.

Il primo passo nella preparazione dei funghi Shiitake per la conservazione è la pulizia accurata. È importante rimuovere eventuali residui di terriccio, detriti o altri contaminanti dalla superficie dei funghi. Questo può essere fatto delicatamente strofinando i funghi con un pennello a setole morbide o un panno umido. Evitare di immergere i funghi in acqua, poiché l'umidità in eccesso può compromettere la loro qualità e accelerare il processo di deterioramento.

Dopo la pulizia, i funghi Shiitake possono essere preparati per la conservazione secondo il metodo prescelto. Se si sceglie la disidratazione, i funghi devono essere tagliati a fette uniformi per garantire un'essiccazione uniforme e completa. È importante assicurarsi che le fette siano di spessore uniforme per garantire che si essicchino in modo omogeneo.

Per la conservazione sott'olio, i funghi Shiitake possono essere tagliati a fette o lasciati interi, a seconda delle preferenze personali. È consigliabile saltare leggermente i funghi in padella con olio d'oliva e spezie prima di immergerli completamente nell'olio per garantire che siano ben conditi e aromatizzati.

Nel caso della conservazione sott'aceto, i funghi Shiitake possono essere lasciati interi o tagliati a pezzi più piccoli a seconda delle preferenze personali e dell'uso previsto. È importante preparare una soluzione di salamoia corretta, composta da acqua, sale e aceto, e assicurarsi che i funghi siano completamente immersi nella soluzione.

Indipendentemente dal metodo di conservazione scelto, è essenziale seguire le istruzioni specifiche per garantire una preparazione corretta e una conservazione ottimale dei funghi Shiitake. Prestando attenzione ai dettagli durante la preparazione, è possibile assicurare che i funghi Shiitake mantengano la loro qualità e freschezza per un periodo prolungato.

4. Congelamento dei funghi Shiitake: passaggi e raccomandazioni

Il congelamento è un metodo popolare per conservare i funghi Shiitake, poiché può mantenere la freschezza e il sapore dei funghi per un lungo periodo di tempo. Tuttavia, per garantire che i funghi congelati mantengano la loro qualità ottimale, è essenziale seguire correttamente i passaggi e le raccomandazioni specifiche per il congelamento dei funghi Shiitake.

Il primo passo nel processo di congelamento dei funghi Shiitake è la preparazione accurata dei funghi. Dopo averli puliti per rimuovere eventuali detriti o contaminanti dalla superficie, è consigliabile tagliare i funghi a fette uniformi o a pezzi più piccoli, a seconda delle preferenze personali e dell'uso previsto. Questo aiuta a garantire che i funghi si congelino in modo uniforme e facilita la loro successiva utilizzazione in cucina.

Una volta preparati, i funghi Shiitake possono essere congelati utilizzando diversi metodi. Uno dei metodi più comuni è il congelamento su vassoio. Per fare ciò, disporre i pezzi di funghi su un vassoio in modo che siano separati l'uno dall'altro e non si tocchino. Mettere il vassoio nel congelatore e lasciare che i funghi si congelino per diverse ore fino a quando non sono solidi. Successivamente, trasferire i funghi congelati in sacchetti per alimenti o contenitori sigillati e conservarli nel congelatore.

Un altro metodo di congelamento è il congelamento rapido. Questo metodo prevede di disporre i pezzi di funghi su un vassoio e metterli direttamente nel congelatore per un breve periodo di tempo, di solito circa un'ora o meno, fino a quando non sono parzialmente congelati. Una volta parzialmente congelati, i funghi possono essere trasferiti in sacchetti per alimenti o contenitori sigillati per il congelamento a lungo termine.

È importante notare che i funghi Shiitake possono perdere un po' di consistenza dopo il congelamento, quindi è consigliabile utilizzarli principalmente in piatti cucinati anziché crudi. Tuttavia, conservano comunque il loro sapore distintivo e molte delle loro proprietà nutritive anche dopo il congelamento.

Seguendo questi passaggi e raccomandazioni per il congelamento dei funghi Shiitake, è possibile conservare efficacemente la loro freschezza e il loro sapore per un periodo prolungato, consentendo di godere di questa prelibatezza fungina anche fuori stagione.

5. Essiccazione dei funghi Shiitake: metodi e precauzioni

L'essiccazione è un metodo tradizionale e altamente efficace per conservare i funghi Shiitake, consentendo loro di conservare il loro sapore distintivo e le loro proprietà nutritive per un periodo prolungato. Esistono diversi metodi per essiccare i funghi Shiitake, ciascuno con i propri vantaggi e precauzioni da tenere in considerazione.

Il metodo più comune per essiccare i funghi Shiitake è l'utilizzo di un essiccatore alimentare. Questi dispositivi sono progettati appositamente per rimuovere l'umidità dai cibi, inclusi i funghi, attraverso un processo di circolazione dell'aria calda. Per essiccare i funghi Shiitake con un essiccatore alimentare, è importante seguire le istruzioni specifiche del produttore per impostare la temperatura e il tempo di essiccazione ottimali. In genere, i funghi Shiitake richiedono temperature comprese tra i 50°C e i 60°C e possono richiedere diverse ore per essiccare completamente, a seconda della dimensione e della densità dei funghi.

Un altro metodo per essiccare i funghi Shiitake è l'essiccazione all'aria. Questo metodo prevede di appendere i funghi Shiitake in un luogo fresco, asciutto e ben ventilato, dove possono essiccare lentamente nel corso di diversi giorni o settimane, a seconda delle condizioni ambientali. Durante il processo di essiccazione all'aria, è importante assicurarsi che i funghi siano posizionati in modo che l'aria possa circolare liberamente intorno a essi e che siano protetti da contaminanti esterni come polvere e insetti.

Indipendentemente dal metodo utilizzato, ci sono alcune precauzioni importanti da tenere a mente durante il processo di essiccazione dei funghi Shiitake. Innanzitutto, è essenziale assicurarsi che i funghi siano puliti e privi di qualsiasi detrito o contaminante prima di iniziare il processo di essiccazione. Inoltre, è importante monitorare attentamente il progresso dell'essiccazione per evitare che i funghi si essicchino troppo e diventino duri o bruciacchiati. Infine, una volta essiccati, i funghi Shiitake devono essere conservati in contenitori ermetici in un luogo fresco, asciutto e buio per preservarne la freschezza e il sapore il più a lungo possibile.

Seguendo attentamente questi metodi e precauzioni per l'essiccazione dei funghi Shiitake, è possibile conservare efficacemente questa prelibatezza fungina per un periodo prolungato e godere del suo sapore unico in qualsiasi momento dell'anno.

6. Sottaceti di funghi Shiitake: ricette e suggerimenti

I sottaceti di funghi Shiitake rappresentano un modo delizioso e creativo per conservare e gustare questi prelibati funghi in un modo unico e versatile. La preparazione dei sottaceti di funghi Shiitake richiede pochi ingredienti e può essere personalizzata in base alle preferenze personali, consentendo di sperimentare con una varietà di sapori e aromi.

Una delle ricette più semplici per i sottaceti di funghi Shiitake prevede l'utilizzo di funghi freschi, aceto di vino bianco, acqua, zucchero, sale e spezie a piacere. Per iniziare, i funghi Shiitake freschi vengono puliti accuratamente e tagliati a fette sottili. Nel frattempo, si prepara una soluzione di marinatura portando ad ebollizione aceto di vino bianco, acqua, zucchero e sale, insieme a spezie come pepe nero, peperoncino, aglio e foglie di alloro.

Una volta raggiunta l'ebollizione e sciolto lo zucchero e il sale, si aggiungono i funghi Shiitake affettati nella soluzione di marinatura e si lasciano cuocere a fuoco basso per alcuni minuti, fino a quando i funghi diventano morbidi ma ancora leggermente croccanti. Durante questo processo, i funghi assorbiranno i sapori e gli aromi della marinatura, creando un sottaceto delizioso e aromatico.

Una volta cotti, i funghi Shiitake sottaceto vengono lasciati raffreddare a temperatura ambiente prima di essere trasferiti in barattoli sterilizzati e coperti con la marinatura. I barattoli vengono quindi sigillati ermeticamente e conservati in frigorifero per almeno 24 ore prima di essere consumati, permettendo ai sapori di svilupparsi pienamente.

Oltre alla ricetta di base, esistono numerose varianti e aggiunte che è possibile sperimentare per creare sottaceti di funghi Shiitake unici e saporiti. Ad esempio, è possibile aggiungere erbe aromatiche fresche come timo, rosmarino o prezzemolo alla marinatura per un tocco di freschezza aggiuntiva. In alternativa, è possibile aggiungere ingredienti come zenzero fresco, peperoncino fresco o semi di finocchio per un tocco di piccantezza o speziatura.

I sottaceti di funghi Shiitake possono essere utilizzati in una varietà di modi in cucina, aggiungendo sapore e consistenza a insalate, antipasti, panini, piatti di pasta e molto altro ancora. Inoltre, sono un'ottima aggiunta a tavole di formaggi e affettati, aggiungendo una nota di acidità e complessità ai piatti.

In conclusione, i sottaceti di funghi Shiitake sono una deliziosa e versatile opzione per conservare e gustare i funghi in un modo creativo e gustoso. Con pochi ingredienti e semplici passaggi, è possibile creare sottaceti fatti in casa che aggiungono un tocco speciale a qualsiasi pasto.

7. Marinatura e sott'olio dei funghi Shiitake: tecniche pratiche

La marinatura e la conservazione sott'olio rappresentano due metodi popolari e pratici per conservare i funghi Shiitake e preservarne il sapore e la freschezza per un periodo prolungato. Queste tecniche consentono di creare prelibatezze aromatiche e versatili che possono essere utilizzate in numerose ricette e piatti, aggiungendo un tocco di sapore ricco e complesso.

Per marinare i funghi Shiitake, è possibile utilizzare una varietà di ingredienti e aromi per creare una marinatura personalizzata. Un'opzione comune prevede l'uso di aceto, olio d'oliva, aglio, erbe aromatiche fresche come rosmarino e timo, e spezie come pepe nero, peperoncino e semi di coriandolo. I funghi Shiitake puliti e affettati vengono immersi nella marinatura e lasciati riposare in frigorifero per diverse ore o durante la notte, consentendo loro di assorbire i sapori e gli aromi della marinatura.

Una volta marinate, le fette di funghi Shiitake possono essere trasferite in barattoli sterilizzati e ricoperte con olio d'oliva extra vergine per la conservazione. È importante assicurarsi che i funghi siano completamente coperti dall'olio per garantire una conservazione sicura e duratura. I barattoli vengono quindi sigillati ermeticamente e conservati in frigorifero per un massimo di diverse settimane, se non consumati prima.

Per quanto riguarda la conservazione sott'olio, è fondamentale seguire alcune precauzioni per garantire la sicurezza alimentare. È importante utilizzare barattoli e coperchi sterilizzati e assicurarsi che i funghi siano completamente immersi nell'olio per prevenire la contaminazione batterica. Inoltre, è consigliabile conservare i barattoli in frigorifero e consumare i funghi entro un periodo di tempo ragionevole per garantire la freschezza e la qualità ottimali.

Inoltre, è possibile arricchire la marinatura e la conservazione sott'olio dei funghi Shiitake con l'aggiunta di ingredienti aggiuntivi come peperoncino fresco, zenzero, scorza di limone o arance, oppure aromi come foglie di alloro o cannella. Questi ingredienti aggiuntivi possono conferire ai funghi Shiitake un sapore unico e interessante, arricchendo ulteriormente le possibilità culinarie.

In conclusione, la marinatura e la conservazione sott'olio sono due tecniche pratiche e versatili per conservare i funghi Shiitake e mantenerne la freschezza e il sapore per un periodo prolungato. Seguendo semplici passaggi e precauzioni, è possibile creare deliziose prelibatezze aromatiche da utilizzare in una varietà di ricette e piatti.

8. Utilizzo creativo dei funghi Shiitake conservati: idee e ispirazioni culinarie

L'utilizzo creativo dei funghi Shiitake conservati offre infinite possibilità culinarie, permettendo ai cuochi di sperimentare con sapori unici e piatti innovativi. Questi funghi conservati, marinati o sott'olio, sono un vero e proprio tesoro in cucina, aggiungendo profondità e complessità ai piatti più semplici e creando esperienze gastronomiche indimenticabili.

Una delle idee culinarie più creative per l'utilizzo dei funghi Shiitake conservati è la preparazione di crostini gourmet. Basta affettare sottilmente i funghi Shiitake marinati o sott'olio e disporli su fette di pane tostato, accompagnati da formaggi cremosi come la mozzarella o il formaggio di capra, e completare con una spruzzata di miele o aceto balsamico ridotto per un tocco di dolcezza. Questi crostini sono perfetti come antipasto elegante o come stuzzichino per un aperitivo raffinato.

Un'altra idea creativa è l'utilizzo dei funghi Shiitake conservati per arricchire le insalate. Tagliati a strisce sottili, i funghi Shiitake aggiungono un sapore robusto e terroso alle insalate miste, mescolandosi armoniosamente con altri ingredienti come rucola, spinaci, noci tostate e formaggio parmigiano. Conditi con una vinaigrette leggera a base di aceto balsamico e olio d'oliva, queste insalate diventano un piatto completo e delizioso, perfetto per un pranzo leggero o una cena estiva.

Per un'idea culinaria più sostanziosa, si possono utilizzare i funghi Shiitake conservati per preparare un risotto cremoso e avvolgente. Aggiungere i funghi Shiitake tagliati a dadini al risotto durante la cottura, consentendo loro di rilasciare il loro sapore intenso e arricchire il piatto con una nota terrosa. Completare il risotto con formaggio grattugiato e prezzemolo fresco per un tocco di freschezza, creando così un piatto comfort irresistibile che conquisterà tutti i palati.

Infine, i funghi Shiitake conservati possono essere utilizzati per preparare deliziose salse e condimenti per pasta. Frullati insieme ai pomodori secchi, alle olive nere e alle erbe fresche, i funghi Shiitake aggiungono profondità e complessità a una salsa marinara fatta in casa, perfetta per condire la pasta o accompagnare piatti di carne e pesce. Queste salse possono essere preparate in grandi quantità e conservate in vasetti sterilizzati per un'ulteriore comodità e praticità.

In conclusione, l'utilizzo creativo dei funghi Shiitake conservati apre le porte a un mondo di possibilità culinarie, permettendo ai cuochi di sperimentare con sapori audaci e combinazioni innovative. Con un po' di creatività e ispirazione, i funghi Shiitake conservati possono trasformare qualsiasi piatto in un'esperienza gastronomica straordinaria.

XX. Utilizzo dei funghi Shiitake in cucina: ricette e idee creative

1. Crostini gourmet ai funghi Shiitake marinati

I crostini gourmet ai funghi Shiitake marinati rappresentano un'eccellente combinazione di sapori e consistenze che delizieranno il palato di chiunque li assaggi. Per preparare questa prelibatezza, è fondamentale iniziare con l'acquisizione di funghi Shiitake freschi e di alta qualità. Si consiglia di optare per funghi freschi di produzione locale o, se disponibili, di coltivazione propria, in modo da garantire freschezza e sapore ottimali.

Una volta raccolti o acquistati, i funghi Shiitake devono essere accuratamente puliti per rimuovere eventuali residui di terra o impurità superficiali. È consigliabile utilizzare un panno umido o una spazzola morbida per pulire delicatamente i funghi senza danneggiarli. Evitare di immergere i funghi in acqua, poiché potrebbero assorbire troppo liquido e compromettere la consistenza durante la marinatura e la cottura.

Successivamente, i funghi Shiitake devono essere tagliati a fette sottili per garantire una cottura uniforme e una distribuzione ottimale del sapore. Si consiglia di utilizzare un coltello affilato per ottenere fette uniformi, che consentiranno una marinatura più efficace e una migliore presentazione finale sui crostini.

Una volta preparati i funghi, è il momento di marinare. La marinatura è un passaggio cruciale per aggiungere profondità di sapore ai funghi Shiitake e conferire loro una consistenza succulenta e tenera. Si consiglia di utilizzare un mix di olio extravergine d'oliva, aceto balsamico, aglio tritato, erbe aromatiche fresche come il timo o il rosmarino, e una generosa quantità di sale e pepe nero macinato fresco. Lasciare i funghi marinare in questa miscela aromatica per almeno 30 minuti, ma preferibilmente per diverse ore o anche durante la notte in frigorifero, per consentire loro di assorbire appieno i sapori.

Una volta marinati, i funghi Shiitake possono essere grigliati, saltati in padella o cotti al forno fino a quando non raggiungono una consistenza morbida e dorata. È importante controllare la cottura dei funghi durante il processo per evitare di farli diventare troppo croccanti o bruciati.

Infine, per assemblare i crostini gourmet, si consiglia di tostare leggermente fette di pane di alta qualità e spalmarle con una generosa quantità di formaggio cremoso come la ricotta o il formaggio di capra. Disporre poi le fette di funghi Shiitake marinati sopra il formaggio e guarnire con una spruzzata di prezzemolo fresco tritato o una riduzione di aceto balsamico per un tocco finale di eleganza e freschezza.

I crostini gourmet ai funghi Shiitake marinati sono pronti per essere gustati e possono essere serviti come antipasto raffinato in occasioni speciali o come piatto principale leggero accompagnato da una fresca insalata verde. La combinazione di sapori intensi dei funghi Shiitake marinati e la cremosità del formaggio su crostini croccanti renderà questa pietanza un successo garantito a tavola.

2. Insalate arricchite con funghi Shiitake sott'olio

Le insalate arricchite con funghi Shiitake sott'olio rappresentano un'opzione deliziosa e salutare per arricchire i pasti con il sapore unico di questi prelibati funghi. Per preparare un'insalata di successo, è fondamentale iniziare con ingredienti freschi e di alta qualità. Oltre ai funghi Shiitake sott'olio, sarà necessario selezionare una varietà di verdure croccanti e foglie verdi fresche, come lattuga, spinaci, rucola o radicchio, per creare una base nutriente e saporita.

Prima di tutto, i funghi Shiitake sott'olio devono essere scolati dalla marinatura e accuratamente asciugati per evitare che l'eccesso di olio alteri la consistenza e il sapore dell'insalata. Una volta asciugati, è possibile tagliare i funghi a fette sottili o a strisce per garantire una distribuzione uniforme nel piatto e facilitare la loro integrazione con gli altri ingredienti.

Successivamente, le verdure devono essere lavate accuratamente sotto acqua corrente fredda e asciugate con cura per eliminare eventuali residui di terra o impurità. È consigliabile utilizzare un'insalatiera capiente per mescolare gli ingredienti in modo uniforme e garantire una distribuzione equa dei sapori.

Per arricchire ulteriormente l'insalata, è possibile aggiungere una varietà di ingredienti complementari, come pomodori ciliegia tagliati a metà, cetrioli a fette sottili, carote grattugiate, peperoni colorati a dadini o cipolle rosse affettate sottilmente. Questi ingredienti non solo conferiranno colore e consistenza all'insalata, ma apporteranno anche una gamma di sapori freschi e croccanti che si sposano perfettamente con i funghi Shiitake sott'olio.

Per completare l'insalata, è possibile preparare una semplice vinaigrette fatta in casa utilizzando olio extravergine d'oliva, aceto balsamico, senape di Digione, aglio tritato, sale e pepe nero macinato fresco. Mescolare gli ingredienti della vinaigrette in una ciotola piccola fino a ottenere un'emulsione omogenea e versarla delicatamente sull'insalata appena prima di servire, mescolando con cura per distribuire uniformemente la vinaigrette su tutti gli ingredienti.

Le insalate arricchite con funghi Shiitake sott'olio sono un'opzione versatile che può essere adattata a una vasta gamma di gusti e preferenze culinarie. Possono essere servite come contorno leggero e salutare o come piatto principale sostanzioso, magari arricchito con aggiunta di formaggio, noci, semi o proteine animali o vegetali per una versione più ricca e soddisfacente.

3. Risotto cremoso ai funghi Shiitake

Il risotto cremoso ai funghi Shiitake è un piatto ricco e appagante che celebra il sapore unico e la consistenza morbida di questi prelibati funghi. Preparare un risotto cremoso perfetto richiede attenzione ai dettagli e una padronanza delle tecniche di cottura del riso.

Per iniziare, è fondamentale selezionare gli ingredienti giusti. Oltre ai funghi Shiitake freschi, avrai bisogno di riso Arborio o Carnaroli di alta qualità, brodo vegetale o di pollo, cipolle, aglio, vino bianco secco, formaggio Parmigiano Reggiano grattugiato, burro e olio d'oliva extravergine.

Il primo passo consiste nella preparazione dei funghi Shiitake. Questi vanno puliti delicatamente con un panno umido o spazzola per rimuovere eventuali residui di terra. Una volta puliti, i funghi vanno tagliati a fette sottili o a pezzetti, a seconda delle preferenze personali, e tenuti da parte per l'utilizzo successivo.

Successivamente, si procede alla preparazione del risotto. In una padella larga e bassa, si fa soffriggere leggermente cipolle e aglio tritati in olio d'oliva extravergine fino a quando diventano traslucidi e aromatici. A questo punto, si aggiungono i funghi Shiitake e si cuociono fino a quando non diventano morbidi e iniziano a dorarsi leggermente.

Una volta che i funghi sono pronti, si aggiunge il riso alla padella e si tosta per alcuni minuti, mescolando continuamente, finché i chicchi di riso diventano traslucidi sui bordi. A questo punto, si sfuma con il vino bianco secco e si lascia evaporare completamente.

Quando il vino è completamente evaporato, si inizia ad aggiungere il brodo caldo, un mestolo alla volta, mescolando delicatamente e continuamente fino a quando il riso assorbe il liquido e diventa cremoso e al dente. Questo processo richiede circa 18-20 minuti di cottura.

Una volta che il risotto ha raggiunto la consistenza desiderata, si spegne il fuoco e si aggiunge il formaggio Parmigiano Reggiano grattugiato e il burro, mescolando energicamente fino a ottenere una consistenza cremosa e omogenea.

Il risotto cremoso ai funghi Shiitake può essere servito immediatamente, guarnito con prezzemolo fresco tritato o una spruzzata di pepe nero macinato fresco per un tocco di freschezza e complessità. Questo piatto delizioso è perfetto come piatto principale o come accompagnamento sostanzioso a una varietà di piatti di carne, pesce o verdure.

4. Salse casalinghe con funghi Shiitake per condire la pasta

Le salse casalinghe con funghi Shiitake offrono un'opportunità per esaltare il sapore della pasta con un tocco di ricchezza e complessità. Preparare queste salse richiede pochi ingredienti di base e un po' di creatività in cucina.

Una delle salse più semplici e deliziose è la salsa ai funghi Shiitake e panna. Per prepararla, inizia pulendo e affettando i funghi Shiitake freschi, rimuovendo eventuali residui di terra e tagliandoli a fette sottili. In una padella, fai soffriggere aglio tritato in olio d'oliva extravergine finché non diventa dorato e aromatico. Aggiungi quindi i funghi Shiitake e cuocili fino a quando diventano morbidi e iniziano a rilasciare i loro succhi.

Una volta che i funghi sono cotti, aggiungi panna da cucina e lascia cuocere a fuoco medio-basso fino a quando la salsa si riduce leggermente e diventa cremosa. Puoi aromatizzare la salsa con un pizzico di noce moscata, pepe nero macinato fresco e prezzemolo fresco tritato per un tocco di freschezza.

Un'altra opzione è la salsa ai funghi Shiitake e pomodoro fresco. Per prepararla, inizia soffriggendo cipolla e aglio tritati in olio d'oliva extravergine fino a quando diventano dorati e aromatici. Aggiungi quindi i funghi Shiitake affettati e cuocili fino a quando diventano morbidi.

Una volta cotti i funghi, aggiungi pomodori freschi a dadini e lasciali cuocere fino a quando si ammorbidiscono e rilasciano i loro succhi. Aggiungi un pizzico di sale e pepe per regolare il sapore e lascia cuocere la salsa a fuoco medio-basso fino a quando si riduce leggermente e diventa densa e cremosa.

Entrambe le salse possono essere servite sopra la pasta appena cotta, come linguine, tagliatelle o penne, per un pasto gustoso e appagante. Puoi completare il piatto con una spolverata di formaggio Parmigiano Reggiano grattugiato e una spruzzata di prezzemolo fresco tritato per un tocco finale di freschezza e colore.

5. Creazioni culinarie originali con funghi Shiitake: ispirazioni dalla cucina internazionale

Le creazioni culinarie originali con funghi Shiitake offrono un'ampia gamma di ispirazioni provenienti dalla cucina internazionale, permettendo ai cuochi di sperimentare sapori unici e piatti innovativi. Questi funghi versatili si prestano bene a diverse tecniche di preparazione e si sposano armoniosamente con una vasta gamma di ingredienti.

Una delle creazioni culinarie più iconiche con i funghi Shiitake è il Bulgogi, un piatto coreano di carne marinata e grigliata. Per una versione vegetariana o vegana, è possibile sostituire la carne con i funghi Shiitake marinati, che assorbono perfettamente i sapori della marinata e sviluppano una consistenza succulenta e gustosa durante la cottura alla griglia. Il risultato finale è un piatto aromatico e appagante che celebra l'equilibrio perfetto tra dolcezza, acidità e sapidità.

Dalla cucina italiana, le pizze gourmet con funghi Shiitake rappresentano un'opzione deliziosa e creativa. I funghi Shiitake, tagliati a fette sottili e cotti leggermente prima di essere aggiunti sulla pizza, apportano un sapore terroso e una consistenza carnosa che si sposa bene con gli altri ingredienti della pizza, come mozzarella fresca, pomodori ciliegini e basilico fresco. La combinazione di questi sapori freschi e aromatici crea un'esperienza gastronomica indimenticabile.

In Giappone, i funghi Shiitake vengono spesso utilizzati per preparare zuppe e brodi tradizionali, come il dashi. Il loro sapore ricco e il loro aroma profondo aggiungono una profondità di gusto senza pari a questi piatti classici. Inoltre, i funghi Shiitake possono essere marinati e serviti come antipasto, accompagnati da condimenti come salsa di soia, zenzero e aglio per un tocco di freschezza e complessità.

Infine, nelle cucine fusion, i funghi Shiitake vengono spesso utilizzati per creare piatti unici che combinano elementi di diverse tradizioni culinarie. Ad esempio, si possono preparare involtini di sushi con riso, alghe nori e fettine sottili di Shiitake marinati, oppure si possono realizzare taco fusion con funghi Shiitake grigliati, avocado, salsa piccante e lime per un'esplosione di sapori e texture.

Sperimentando con le creazioni culinarie originali con funghi Shiitake, i cuochi possono sbloccare un mondo di possibilità gastronomiche e deliziare i propri commensali con piatti innovativi e gustosi.

Vuoi un nostro libro a soli 0,99€? Ecco come fare!

Ciao!
Se ti è piaciuto questo libro, puoi ricevere il prossimo titolo **a soli 0,99€**, scegliendo tra:

📖 eBook
🖨 PDF di un libro cartaceo

Segui questi semplici passaggi:

1. Condividi la tua esperienza sul sito dove hai effettuato l'acquisto.

2. Invia uno screenshot **del tuo feedback** dove si legge anche la dicitura "Acquisto verificato" a:
info.testicreativi@gmail.com

3. Riceverai un codice sconto personale da utilizzare sul nostro store online, valido per ottenere il prossimo libro **a soli 0,99€**.

📚 La tua opinione conta davvero: ogni recensione ci aiuta a crescere e permette a nuovi lettori di scoprire i nostri libri.

Grazie di cuore per il tuo tempo e buona lettura!

www.ingramcontent.com/pod-product-compliance
Lightning Source LLC
Chambersburg PA
CBHW072141290526
45794CB00004B/1384